过目不忘的100个记忆秘诀

吴帝德 著

中国纺织出版社有限公司

内 容 提 要

工作学习、考研考证，都离不开背诵和记忆，找到记忆方法，提高记忆效率，能够帮助我们节省时间、提高做题准确率。然而，学习记忆方法也有一定的难度，有时候我们从书本上学习到了许多记忆技巧，可当遇到实际需要记忆的内容时，仍不会使用。

本书结合100个日常学习和生活中常见的知识，向读者介绍了谐音法、记忆公式法、编码法和记忆宫殿法如何应用于实际案例中，并辅以生动形象的插图，帮助读者在轻松活泼的阅读氛围中学会实际使用记忆法，并将其举一反三地应用于生活中，真正提高自己的记忆力。

图书在版编目（CIP）数据

过目不忘的100个记忆秘诀 / 吴帝德著.--北京：中国纺织出版社有限公司，2023.8

ISBN 978-7-5229-0671-3

Ⅰ. ①过…　Ⅱ. ①吴…　Ⅲ. ①记忆术—通俗读物　Ⅳ. ①B842.3-49

中国国家版本馆CIP数据核字（2023）第106116号

责任编辑：郝珊珊　　责任校对：高　涵　　责任印制：储志伟

中国纺织出版社有限公司出版发行

地址：北京市朝阳区百子湾东里A407号楼　邮政编码：100124

销售电话：010—67004422　传真：010—87155801

http://www.c-textilep.com

中国纺织出版社天猫旗舰店

官方微博 http://weibo.com/2119887771

鸿博睿特（天津）印刷科技有限公司印刷　各地新华书店经销

2023年8月第1版第1次印刷

开本：710×1000　1/16　印张：12.5

字数：146千字　定价：58.00元

前 言

一、本书不讲记忆理论，通过实例直接让读者体验记忆术，增加适读性。

二、本书适合碎片化学习，可以当作记忆术学习者的练习册，记忆讲师的内容库，也可以当作休闲时刻的消遣。

三、一百多个实例题目包含适合老中青全年龄段朋友的实际记忆案例，从朝阳下的花儿到最美夕阳红，老少皆宜，居家旅行必备，适合所有爱学习的人阅读。

四、如果这本书的内容让你深刻认识到自己也能成为记忆达人、“最强大脑”，那么建议你阅读我之前写的《图解超实用的记忆技巧》《思维导图宝典》及《一本书学会超级记忆术和思维导图》等书籍。全部阅读以后，你也能成为一名合格的老师，教育自己的孩子，做自家孩子最好的脑力教练，或是教别人家的孩子如何科学使用大脑。

好了，闲话少说，泡杯茶，信手翻阅吧！

目录

Contents

篇目一

难易通吃谐音法

篇目二

万能记忆公式

篇目三

最强大脑两大技能（编码法、记忆宫殿）

篇目四

活学巧记秒记一切知识

篇目一

难易通吃谐音法

实例 01
四书五经

我们常常会提到的四书五经是哪四书？哪五经？

四书：《**孟**子》《**中**庸》《**大**学》《论**语**》

五经：《周**易**》《**诗**经》《尚**书**》《春**秋**》《**礼**记》

不出意外的话，即使记过这些信息，大多数人回忆的时候也会出现遗漏其中某个信息的情况。这不是大型“翻车”现场吗？要么你就别一一数出，要么就回答全对。这里，仅仅需要每一本书挑出一个关键字，把这些关键字谐音组合变成一句有意义的话，“**梦中打鱼，一师叔求礼**”，回忆就变得有线索了。

什么？你没看懂？好，看不懂绝对不是智力问题，只是思维相对固化了，不够灵活。“梦中打鱼”对应的是四书的“孟、中、大、语”四个字；“一师叔求礼”对应五经中“易、诗、书、秋、礼”五个字。随着对这本书的深入阅读，你的思维将会跳出原有的禁锢区，逐步成为最强大脑。

实例 02

七大洲四大洋

七大洲：**亚**洲、**非**洲、**北**美洲、**南**美洲、南**极**洲、**欧**洲、**大**洋洲

谐音：**鸭肥被蓝鲸殴打**

四大洋：**太**平洋、**大**西洋、**印**度洋、**北**冰洋

谐音：**太大硬币**

七大洲的信息与“四书五经”相比有所不同的是，七大洲的排序是按面积大小来的，亚洲最大，大洋洲最小，所以不能打乱关键字的排序，类似这样的情况还有很多，所以只能硬着头皮去想谐音。别担心，从现在开始习惯，没有什么是谐音不了的，即使花了 10 分钟去想也是值得的，因为你锻炼了一种新的记忆能力，随着你的适应程度提高，联想谐音的时间会逐渐缩短，当你最终练成“万物皆可谐音”的时候，你就成为超级记忆高手了。说实话，学会谐音这一招就已经能够搞定学习、考试生涯的七成内容了，不信你接着往下体会。

四大洋并没有按顺序来排列，因此你可以用“太大硬币”或“硬币太大”来记，记忆是灵活的。

实例 03
战国七雄

按灭亡顺序记忆。

战国七雄：**韩**、**赵**、**魏**、**楚**、**燕**、**齐**、**秦**

谐音：**喊赵伟出演，激情！**

众所周知，出版物是非常严谨的，很多上不了台面的谐音让我没法施展，但读者朋友们自己记忆的时候，完全可以向着搞笑、无厘头等方向去联想谐音，让自己的记忆变得深刻，因为无论白猫黑猫，抓住老鼠就是好猫。

实例 04
唐宋八大家

这可以说是一道小学必考题，曾经有个朋友开玩笑说他记了一辈子都没记对过，这一点都不夸张。很多人容易断章取义，心想："这不太简单了吗？我看两遍已经记住了！"切记，这样的心态是极其不利于提升记忆力的。你要知道，一个人要记这样的内容，说明他一定正在系统地学习，所以，他要记的可是类似这样的成百上千个知识点，当记忆内容铺天盖地的时候，可就没这么简单了。

唐宋八大家：**苏**轼、**苏**洵、**苏**辙、**欧**阳修、韩**愈**、曾**巩**、王安**石**、**柳**宗元

谐音：**三苏偶遇公石榴**

我觉得按照这句谐音，记住这句话之后就再也不会错了。当然，谐音的版本可以有很多种，比如"巡视公园、偶遇王者"也是我教学中会讲到的。

实例 05

八国联军

历史必考题，记不住“打嘴巴”。

八国联军：**俄**国、**德**国、**法**国、**美**国、**日**本、**奥**匈帝国、**意**大利、**英**国

谐音：**饿的话，每日熬一鹰**

这个实例也是一样，基本不用管顺序，像这种调整顺序也没关系的，只要能谐音出一句顺口的句子就能达到目的，多尝试，相信你一定能找到满意的答案。可能你会有疑问：为什么谐音后就能记住呢？因为大脑是无法记住杂乱的信息的，我们借助谐音这个手段，把没有意义的信息变成了有实际意思的句子，这样大脑就能理解和记忆了。所以，谐音的原则一定是——变成有意义的句子。如果你谐音出的句子最终还是没有实际意义，那你需要把这本书至少看 10 遍。

实例 06

八卦名称

八卦的基本名称和顺序（还有其他版本）中包含着很多生僻字，固定顺序的内容最适合用谐音的方法记忆。做出来的谐音句子就像一串钥匙链一样，能把每一把“钥匙”都串起来，它是我们回忆的线索。

八卦名称：**乾**、**兑**、**离**、**震**、**巽**、**坎**、**艮**、**坤**

谐音：**前队立正！躯干更困！**

不是每一个知识点都能完美地进行谐音，我们可以通过改声母、韵母等方式去尝试，甚至有时候可以用上外语、方言来谐音。国外也有这一招，外国人也会利用自己国家的语言去谐音记忆知识。

实例07

黄河流经省份

通过前面的实例热身，我相信大家已经熟悉这种方法了，我们可以适当增加难度，让脑袋多绕两个弯子了。

黄河流经省份：青**海**、四**川**、甘**肃**、宁**夏**、内蒙**古**、陕**西**、山**西**、河**南**、山**东**（9个省和自治区）

谐音：**海船速下哭兮兮，难动**

为什么我说难度升级了？因为这句话只有搭配想象“出图像”，我们的印象才会更加深刻，联想：有艘海上的船在黄河里航行，开得很快，船长一边开一边哭，最后触礁了导致船无法动弹。同时，这个信息里有两个“西”字，一个陕西，一个山西，如果稍微有些地理常识的话，我们会知道黄河由西向东流，自然是先流经相对靠西的陕西，所以并不是非要谐音“陕”字不可。

实例 08
长江流经省份

长江流经省份：**青**海、西**藏**、四**川**、**云**南、**重**庆、**湖**北、**湖**南、**江**西、安**徽**、**江**苏、上**海**（11 个省、自治区和直辖市）

谐音：**青藏船运从两湖将汇江海**

这里用到的小技巧是将两个“湖”字变成了“两湖”，而不是保留重复的“湖湖”，这种方法在实战中颇为常用。

实例 09

历史事件之一

使用谐音，更能秒记各种历史事件。数字更需要谐音处理，因为它们完全是抽象的信息，只有通过谐音变成有意思的句子，大脑才能理解和记忆。

公元前 1600 年——商汤灭夏，商朝建立

谐音：**一楼淋雨**

公元前 1046 年——周武王灭商，西周开始

谐音：**要冻死牛**

公元前 770 年——周平王迁都洛邑，东周开始

谐音：**骑麒麟**

公元前 356 年——商鞅变法开始

谐音：**珊瑚肉**

公元前 221 年——秦统一

谐音：**爱阿姨**

公元前 209 年——陈胜、吴广起义

谐音：**哎，你走**

公元前 206 年——刘邦攻入咸阳，秦亡

谐音：**啊，你牛**

公元前 202 年——西汉建立

谐音：**爱你啊**

公元前 138 年——张骞第一次出使西域

谐音：**要伞吧**

公元 25 年——东汉建立

谐音：**二胡**

你看，不管是什么数字，都没有谐音不了的，谐音完之后，它们是不是瞬间变得好记了？

实例 10
历史事件之二

公元208年——赤壁之战

谐音：**爱你爸**

公元316年——匈奴攻占长安，西晋结束

谐音：**下雨喽**

公元317年——东晋建立

谐音：**鲨鱼鳍**

公元581年——隋朝建立

谐音：**我八姨**

公元618年——唐朝建立，隋朝灭亡

谐音：**牛尾巴**

公元960年——北宋建立

谐音：**救了你**

公元1005年——宋辽澶渊之盟

谐音：**要你领悟**

公元1069年——王安石开始变法

谐音：**要瓶老酒**

公元1125年——金灭辽

谐音：**爷爷爱我**

实例 11
历史事件之三

公元1127年——金灭北宋，南宋开始

谐音：**一个耳机**

公元1271年——忽必烈定国号“大元”

谐音：**婴儿吃药**

公元1276年——元灭南宋

谐音：**幺儿吃肉**

公元1368年——明朝建立，元朝结束

谐音：**一声老爸**

公元1616年——努尔哈赤建立后金

谐音：**要扭要扭**

公元1636年——后金改国号为“大清”

谐音：**一楼上肉**

公元1662年——郑成功收复台湾

谐音：**赢了老二**

公元 1684 年——清朝设置台湾府

谐音：**赢了巴士**

公元 1839 年——林则徐虎门销烟

谐音：**一半香蕉**

实例 12
历史事件之四

公元 1840 年——第一次鸦片战争

谐音：**幺爸死了**

公元 1842 年——中英《南京条约》签订

谐音：**一半是猴**

公元 1856 年——第二次鸦片战争

谐音：**一把葫芦**

公元 1858 年——《天津条约》签订

谐音：**要打我爸**

公元 1860 年——《北京条约》签订

谐音：**一把榴梿**

公元 1883 年——中法战争

谐音：**要抱把伞**

公元 1894 年——中日甲午战争

谐音：**一把狗屎**

公元 1895 年——《马关条约》签订

谐音：**一把酒壶**

公元 1900 年——八国联军侵华

谐音：**幺舅伶俐**

公元 1901 年——《辛丑条约》签订

谐音：**要走领地**

实例 13

历史事件之五

公元 1905 年——中国同盟会成立

谐音：**幺舅领舞**

公元 1911 年——保路运动，武昌起义

谐音：**要救爷爷**

公元 1912 年——中华民国建立

谐音：**要救婴儿**

公元 1919 年——五四运动爆发

谐音：**要 go 要 go**

公元 1927 年——南京国民政府建立

谐音：**要求耳机**

公元 1928 年——井冈山会师

谐音：**幺舅挨骂**

公元 1931 年——九一八事变

谐音：**一群鲨鱼**

公元 1934 年——红军长征开始

谐音：**要求三思**

公元 1936 年——西安事变

谐音：**幺舅想溜**

公元 1937 年——卢沟桥事变，日军南京大屠杀

谐音：**幺舅生气**

记住关键的历史事件，迈出博古通今的第一步，加油！

实例 14
圆周率

部分人会纳闷，背圆周率有什么用？那我问你，跑步有什么用？在健身房举几十斤的器材有什么用？反复挥球拍有什么用？跳绳有什么用？对嘛！记圆周率就和锻炼身体一样，锻炼脑子，练记忆力，练耐力，和健身一样，健脑也是有益的！

圆周率小数点后 50 位

3.1415926

谐音：**山巅一寺一壶酒和肉**

5358979

谐音：**我想我爸就吃酒**

32384626

谐音：**想啊想宝石揉啊揉**

4338327

谐音：**四婶婶霸占耳机**

95028841

谐音：**叫我领两把宝石椅**

971693

谐音：**叫七姨捞旧伞**

9937510

谐音：**舅舅想进屋咬你**

在我的课堂上，这个内容一般一亮出来孩子们就会笑得人仰马翻，告诉你，大数学家华罗庚也是这样做的，他有一个小数点后 100 位的版本，感兴趣的朋友可以自己上网查阅。这里有一个技巧是我根据谐音的情况而进行了灵活断句，因为这些毫无规律的数字在哪里断开都是可以的，所以怎么方便怎么断谐音就可以了。

实例 15
天干

来放松一下，看看现在记忆下面这样的内容，是不是简单多了？

天干：甲、乙、丙、丁、**戊**、**己**、**庚**、**辛**、**壬**、**癸**

谐音：**五集更新《人鬼**情未了》

记忆永远是灵活的，即使你熟练了谐音这种方式，也不要陷入固定的模板中。比如此处的“甲乙丙丁”是几乎每个人都知道的，剩下的信息则是需要记忆强化的，因此只用处理记不住的部分即可。另外，谐音时为了让句子的意思更完整，可以适当加一些字，比如此处在末尾加了“情未了”，就更容易理解和记忆了。

实例 16

八仙

翻开中小学生的语文必背常识题集，我们会发现要求记忆的内容非常多，包括八大菜系、水浒一百单八将等，与其说是记来以备今后使用，不如说这些都是用来锻炼孩子们记忆力的练习材料。知识是永远记不完的，你的记忆能力能比过机器人吗？未来的人工智能代替人类去做现在的大多数工作，因此，学习能力才是核心竞争力，我们现在练习记忆这些知识，是为了训练我们活学巧记的这项能力而已，如果你是抱着这样的心态练习，那么你记忆力的提升将会更快。

八仙：汉**钟**离、韩湘**子**、蓝采**和**、何**仙**姑、**吕**洞宾、**曹**国舅、铁**拐**李、张果**老**

谐音：**粽子和仙女遭拐了**

注意，谐音是辅助手段，如果谐音后的内容不能帮你想起原内容，那说明你对原内容还不熟，应该在熟读的基础上再用谐音辅助记忆，这样就能给记忆上“保险”了。

实例 17

中国十大名花

中国十大名花：牡**丹**、**月**季、**荷**花、**茶**花、**水**仙、**桂**花、**菊**花、杜**鹃**、**兰**花、**梅**花

谐音：**单月喝茶水，跪举捐蓝莓**

当你可以通过谐音的手段轻松记住上面这样的内容时，成就感、满足感带给你的自信就是记忆力飞升的养料。

中国十大名花

牡丹 月季 荷花

茶花 水仙 桂花 菊花

杜鹃 兰花 梅花

实例 18
中国十大河流

中国十大河流：**长**江、**黄**河、**黑**龙江、**松**花江、**珠**江、**雅**鲁藏布江、澜**沧**江、**怒**江、**汉**江、**辽**河

谐音：**张皇后送珠，鸭肠卤好了**

这个内容相对比较难记，原因一在于顺序不能调整（按流域面积大小排序），原因二是关键字的组合并不是太好谐音，遇到这种情况时，我们可以用电脑拼音输入法输入首字母，看看会出来一些什么词，说不定会有意想不到的收获。

实例 19
世界十大河流

按流域面积来排，世界十大河流分别是：**尼**罗河、亚**马**孙河、**长**江、密**西**西比河、**黄**河、额**尔**齐斯河、澜沧江（**湄**公河）、**刚**果河、**勒**拿河、**黑**龙江

谐音：**你妈唱戏，皇二妹干了，嘿！**

逐步掌握断句的技巧，它可以帮助你处理绝大多数冗长的信息。

实例 20
世界十大运河

来继续看一个实例，世界上著名的运河都有哪些？

世界十大运河：**京**杭大运河、伊**利**运河、**阿**尔贝特运河、苏**伊**士运河、莫斯**科**运河、伏尔加河—**顿**河运河、**基**尔运河、约**塔**运河、巴拿**马**运河、曼彻斯**特**运河

谐音：**经理啊！一刻炖鸡！通马桶！**

再次翻开初高中的那些需要记忆的知识点，大部分不都是这样吗？学会一招谐音，你就能称霸半个考场，想想如果每个知识点旁边都有你做好的这些谐音“段子”，复习起来怎么会不快呢？方法不对努力白费，真得懂得活学巧记呀！

实例 21

《红楼梦》金陵十二钗

金陵十二钗：贾**元**春、**林**黛玉、贾**惜**春、**秦**可卿、**妙**玉、**李**纨、贾**探**春、薛**宝**钗、贾**迎**春、贾**巧**姐、王**熙**凤、**史**湘云

谐音：**园林洗琴，庙里探宝，银桥洗石**

这个内容的谐音难度是比较高的，原因在于干扰项很多，比如贾 × 春就有好几个，这里万万不可将“贾”字或“春”字作为关键字提取，因为这些字都是重复的，起不到帮助回想的作用。所以在谐音的修炼道路上，要懂得避开一些重复的字，谐音的目的是帮助我们回忆，如果起不到作用，那就成了为谐音而谐音，做了无用功。

实例 22
北欧五国

北欧五国：**冰**岛、挪**威**、**芬**兰、瑞**典**、**丹**麦

谐音：**病危分点蛋**

要是不用“病危分点蛋”来记，这五个国名会特别容易搞混，你说对不对？遗忘的一个重要原因是“信息干扰”，然而有了这句回忆线索就不用担心了。所以对于记忆高手而言，他们不但记得快，更重要的是记了不会忘记，不会记错！如果要从理论上来夯实记忆术的基础，我推荐你阅读我的《图解超实用的记忆技巧》《一本书学会超级记忆术和思维导图》等书。

实例 23

中国十四陆上邻国

这是一道在考试中出现频率颇高的题目，也比较实用，要重点记住！

中国十四陆上邻国：**塔**吉克斯坦、**吉**尔吉斯斯坦、**哈**萨克斯坦、**尼**泊尔、印**度**、**老**挝、**俄**罗斯、朝**鲜**、蒙**古**、巴**基**斯坦、**缅**甸、**阿**富汗、**不**丹、越**南**

谐音：**他姐喊你炖老鹅香菇鸡面啊？不难！**

看到这样的信息一定要积极尝试，它是最简单的，为什么？因为这种信息字很丰富，能够很好地帮助你去变化谐音，但它也有难点，就是需要调整顺序使谐音变得更通顺。记忆没有标准答案，我的谐音也仅仅是一种参考。来！你也可以试一下，按你喜欢的顺序，看看怎么秒记这 14 个中国的陆上邻国。

实例 24
东南亚十一国

东南亚十一国：印度**尼**西亚、**老**挝、东**帝**汶、**菲**律宾、**越**南、**新**加坡、**马**来西亚、**泰**国、文**莱**、**柬**埔寨、**缅**甸

谐音：**你老弟飞越新马泰来捡面**

说实话，在做谐音处理的时候我经常笑出声，因为很好玩儿呀！记忆不是痛苦的，方法对了，我们是可以爱上学习的！

实例 25
西亚二十国

说到丝绸之路，我们西边的邻居尤其重要，出现频率高，来一句话一个不漏地“一网打尽”。

西亚二十国：**伊**拉克、**格**鲁吉亚、阿塞**拜**疆、阿**富**汗、亚**美**尼亚、**也**门、黎巴**嫩**、阿**拉**伯联合酋长国、**卡**塔尔、**沙**特阿拉伯、土耳**其**、**阿**曼、约**旦**、巴**林**、**叙**利亚、塞浦**路**斯、以**色**列、科**威**特、伊**朗**、**巴**勒斯坦

谐音：**一个白富美也能拿卡下棋啊？大林去路上喂狼吧！**

我很想用小品里的那句台词“来！走一个！”表达我的心情，看到了吗？20个国家，但是谐音的这句话很好记吧？只要你熟悉国家的名字，用一句话就能搞定这20个国家，会记漏吗？来！试一下！

实例 26
《春望》

谐音法能不能辅助记古诗？能！先来看看具体的操作。

春 望

杜甫

国破**山**河在，**城**春草木深。

感时花溅泪，恨别**鸟**惊心。

烽火连**三**月，家**书**抵万金。

白头**搔**更短，浑**欲**不胜簪。

谐音：**山城赶鸟，三叔烧鱼**

用谐音的方法处理古诗尤其讲究灵活，它是建立在你已经初步完成对古诗的背诵基础上的。谐音出来的句子仅仅是起到提示的作用，所以更多是用在篇幅比较长，或是生涩拗口的古诗文记忆当中。背了上句想不起下一句的时候不用再期盼同桌的提醒，靠谐音的内容我们就能回想起每一句诗，大幅提高记忆正确率。

实例 27
《行路难·其一》

行路难·其一

李白

金樽清酒斗十千，**玉**盘珍羞直万钱。

停杯投箸**不**能食，拔**剑**四顾心茫然。

欲渡**黄**河冰塞川，将登太行雪满**山**。

闲来垂钓碧溪**上**，忽复乘舟梦日**边**。

行**路**难，行路**难**，多歧**路**，今**安**在？

长风**破**浪会有时，直挂云**帆**济沧海。

谐音：**金鱼不见，黄山上边路烂！路暗！颇烦！**

千万不要说“要理解记忆，多背几次就记住了”之类的话。做谐音和你正常地去记丝毫不冲突。说这类话的人都是“上帝视角”，体育老师永远觉得跑两圈不累，数学老师永远觉得这么简单的题一看就会，英语老师永远觉得这些单词一拼就可以读了。谐音记忆是提供给记不住的同学们的一种解决问题的方案！那些“上帝视角”的人，或许你能轻松记住，那你是否能帮助记不住的同学提升一下记忆力呢？

实例 28
《关雎》

关雎

关关雎鸠，在河**之**洲。窈窕淑**女**，君**子**好逑。

参差荇**菜**，左**右**流之。窈窕**淑**女，寤寐**求**之。

求之不得，寤寐思**服**。悠**哉**悠哉，辗**转**反侧。

参差荇**菜**，左右**采**之。窈窕淑**女**，琴瑟**友**之。

参差荇**菜**，左右**芼**之。窈**窕**淑女，钟鼓乐**之**。

谐音：**关着女子，采油数球，球服在转，踩踩女友，采毛桃子**

和格律诗相比，《诗经》没有那么押韵，生涩难读的字也颇多，所以即使做了谐音，它的辅助效果也有限，还是要在原文的记忆上下功夫才行。当然，对于记忆大师而言，记忆这样的原文是非常简单的，很多人能在 3 天内熟背《道德经》81 章全部的内容，用到的技巧及记忆方法是完全不同于谐音的，我将在下一章为大家解答。

实例 29
《离骚》节选

要说整个学习生涯记忆难度最高的内容，《离骚》一定能排得上号，但只要你打开思路，完全用谐音来“玩儿”，事情一下子就变得很简单。

《离骚》节选

帝高阳之苗裔兮，朕皇考曰伯庸。

谐音：爹，羔羊吃毛衣，召唤烤鱼泼油

摄提贞于孟陬兮，惟庚寅吾以降。

谐音：蛇提着鱼猛揍，喂个鹦鹉，一枪

皇览揆余初度兮，肇锡余以嘉名：

谐音：黄蓝鲑鱼出炉，找些雨衣救命

名余曰正则兮，字余曰灵均。

谐音：命运越挣扎，自由越临近

纷吾既有此内美兮，又重之以修能。

谐音：疯乌鸡又吃蜡梅，有种自己修门

扈江离与辟芷兮，纫秋兰以为佩。

谐音：虎将李煜劈纸，人丑难医我呸

汩余若将不及兮，恐年岁之不吾与。

谐音：米与肉酱不计，孔连碎纸不捕鱼

朝搴阰之木兰兮，夕揽洲之宿莽。

谐音：找铅笔刺木兰，蟹辣肘子酥麻

日月忽其不淹兮，春与秋其代序。

谐音：日月夫妻捕雁，准予求情待续

惟草木之零落兮，恐美人之迟暮。

谐音：没草莓吃梨咯，哄美人支持吗

不抚壮而弃秽兮，何不改乎此度?

谐音：把服装耳机毁，何不改路吃土

乘骐骥以驰骋兮，来吾道夫先路!

谐音：晨起记忆直升，来，我天赋显露

“兮”字重复，所以不需要处理。关于谐音古诗文，时不时会有人说“你这样会不会歪曲理解？”“我们要去赏析！”然后阻止你“修炼”“谐音大法”的脚步。虽然他们出发点是好的，但是在有海量信息要背的时候，“记住”才是首要任务！我们不仅要学一门学科，数学要做，英语要做，在有限的时间里记忆更多的知识，才能厚积而薄发，有发展为文学家的基础。

实例 30
鲁迅小说集

稍事放松，上面的内容已经是下“猛药”了，还习惯吗？如果你习惯了，那你再看下面这样的信息时，一定会觉得超级简单！

鲁迅小说集《呐喊》中的篇目：《**阿** Q 正传》《**狂**人日记》《**风**波》《头**发**的故事》《故**乡**》《端**午**节》《**一**件小事》《**孔**乙己》《**明**天》《**药**》《**社**戏》《**白**光》《**兔**和猫》《**鸭**的戏剧》

谐音：**啊！狂风发响！五一孔明要射白兔呀！**

时刻提醒你，调整顺序是谐音处理时的重要技巧。

实例 31
英语单词之一

老师在课堂上是不是都说过不能用谐音去标注英文的发音？英语老师当然说得对！单纯地标注发音不但破坏了单词的读音，也并不能帮助我们记忆。我们用记忆谐音来处理单词却是不一样的，此“谐音”非彼“谐音”！我们做谐音的目的是让单词变成一句有意思的话、一个能理解的词，背后的逻辑是在记忆的时候帮助我们构建场景。机械性地记单词一定是最低效的，我们必须让单词有场景才能够高效记忆，具体的英文单词系统记忆方法可以去看我的《懒人秒记高考单词》《懒人秒记中考单词》，和研学大师教研组的《用思维导图学英语单词》。

barber ['bɑ:bə(r)] 理发师

谐音：**宝贝儿**

联想：叫理发师“宝贝儿”

cancel ['kænsl] 取消

谐音：**砍手**

联想：取消会被砍手

obey [ə'beɪ] 服从

谐音：**耳背**

联想：耳背听不见就不用服从

betray [bɪ'treɪ] 出卖

谐音：**悲催**

联想：出卖者的下场是很悲催的

patient ['peɪʃnt] 病人、耐心的

谐音：**拍醒他**

联想：病人睡着了，拍醒他

pond [pɒnd] 池塘

谐音：**胖的**

联想：胖的人跳进池塘使水都溢出来了

发音重不重要？要看是什么情况！发音好是要付出代价的，一个初高中生的学习是讲究时间管理策略的，用了很多时间来阅读可以提升英语发音，但是如果以高考分数为目标的话，那这并不是一件高性价比的事情。

实例 32
英语单词之二

来升级一下难度，拿高考英语来练习，大纲里的大概 3500 个词，几乎 4/5 都可以用谐音的方式来搞定，不可否认这确实是一天能够记 100 个单词的办法。

ambulance ['æmbjələns] 救护车

谐音：**俺不能死**

联想：自己重伤，在救护车里大叫“俺不能死”

evolution ['i:və'lu:ʃn] 发展

谐音：**一屋鲁迅（英式发音）**

联想：要发展就靠一屋子的鲁迅了

apologize [ə'pɒlədʒaɪz] 道歉

谐音：**俺跑来解释**

联想：为了道歉，俺专门跑来解释

mosquito [mə'ski:təʊ] 蚊子

谐音：**摸司机头**

联想：摸司机的头打死蚊子

independence ['ɪndɪ'pendəns] 独立

谐音：**硬的胖电池**

联想：硬的胖电池要闹独立

strawberry ['strɔ:bəri] 草莓

谐音：**四舅不喂**

联想：请四舅不要喂我吃草莓

volunteer ['vɒlən'tɪə(r)] 志愿者

谐音：**我能剔牙**

联想：我能为大家免费剔牙，请让我做志愿者吧

对于英语本来就不错的人而言，使用谐音法可以开拓你的思路，做一种联想的练习，赋予单词场景。对于“英语困难户”而言，我相信这是最好的“救命药”，这个方法能让你重新拥抱英语。

实例 33
日语单词

摊牌了，我不装了！我日语专业八级、国际一级、J.TEST A 级，我是中国翻译协会资深翻译，某国家一级出版社特聘外语专家。我日语也是这么记的，而且我大三就取得全国演讲第三名的成绩，“谐音大法”阻碍或是搞砸了我的外语吗？不但没有，而且正是因为使用了灵活的记忆方式，我才最有效率地完成了日语的学习。

くすり 【薬】药

谐音：**苦死你**

联想：药当然苦死你

ざっし 【雑誌】杂志

谐音：**炸稀**

联想：杂志被一颗炸弹炸得稀巴烂

しゃしん 【写真】照片

谐音：**吓醒**

联想：被自己的照片吓醒了

べんきょう 【勉強】学习

谐音：**本科哟**

联想：爱学习至少可以考个本科哟

いたい 【痛い】痛的

谐音：**一胎**

联想：即使只生一胎也是很痛的

无论学习什么语言，谐音法都是一种高效记单词的利器。

实例 34
金属活动性顺序

放松时间！使用谐音法记忆化学知识也是很高效的。

金属活动性顺序：钾、钙、钠、镁、铝、锌、铁、锡、铅、（氢）、铜、汞、银、铂、金

谐音：嫁给那美女，身体细纤轻，统共一百斤

这里用到的技巧是“加字”，之前我们处理“天干”的时候也用过，适当加一些连接字可以让谐音的句子更顺畅，更有意义。

实例 35
首字串联记诗词

小时候背诗时你是不是容易张冠李戴？是不是会背成“床前明月光，处处闻啼鸟”？我们需要一把谐音的“钥匙”帮助紧密锁定诗句之间的联系。我来示范下简单的“钥匙”，希望你能举一反三，运用到其他更长的诗词上。

江　雪

柳宗元

千山鸟飞绝，
万径人踪灭。
孤舟蓑笠翁，
独钓寒江雪。

谐音：**千万孤独**

池　上

白居易

小娃撑小艇，

偷采白莲回。

不解藏踪迹，

浮萍一道开。

谐音：**小偷不服**

马　诗

李贺

大漠沙如雪，

燕山月似钩。

何当金络脑，

快走踏清秋。

谐音：**大燕很快**

实例36
中国八大古都

八大古都：**安**阳、**郑**州、**洛**阳、**南**京、**杭**州、**西**安、**北**京、开**封**

谐音：**俺真弱！难抗西北风！**

谐音的处理技巧是抓住关键字，然后不停尝试平舌翘舌、变换音调，甚至替换声母韵母来达到目的，比如“杭州”的杭字，如果不把拼音h改成k，就很难达到谐音的效果。但是，变化成k以后又感觉不是那么谐音了，这在记忆实操中是常有的事，懂得灵活取舍才是大智慧。

实例 37

世界十大沙漠

按面积大小：

撒哈拉沙漠

阿拉**伯**沙漠

利比亚沙漠

澳大利亚沙漠

戈壁沙漠

巴塔**哥**尼亚沙漠

鲁**卜**哈利沙漠

卡拉哈里沙漠

大沙沙漠

塔克拉玛干沙漠

谐音：**撒玻璃啊，哥哥不干？打他！**

类似这样的信息，如果你本身对沙漠名称已经比较熟悉，那么谐音依然是最优解，因为感觉利落、复习方便。如果不熟悉这些名称，“哈”“利”“拉”这些字又是高度重复的，那么仅凭一句谐音要回忆起全部信息依然有难度。如何兼顾抓取的关键字，既能够很好地谐音，又能在回忆的时候保证正确率，这需要平时的累积和实战。不要心急，现在开始练习，养成思维习惯一段时间以后你必定可以成为记忆高手。反之，现在只是知道但没有实际行动起来，那么一段时间以后、一年以后、十年以后，你可能还是老样子。

好了，我一口气写完了谐音法的所有内容，动力来自我满心期待地想看到你从机械性记忆和死记硬背中解脱出来的欢喜，学会谐音法已经足以应付七八成的考试内容了，如果想进一步升级，变成记忆专家，就要把剩下的三成更为复杂的内容也搞定才行，下一篇我们再见！

篇目二

万能记忆公式

实例01
八大行星

接下来我们将会有完全不同的记忆体验，需要提前说明的是，同样一个信息，可以用很多记忆方法去处理，其中有我们自己习惯的，有更适合的。不同的记忆方法想达到的最终目的都一样——巩固记忆。现在，我们来学习一种万能的记忆公式，我把它分为发散、转换、动态、连接四个部分，在这个篇目中我将循序渐进地逐一讲解。

八大行星（离太阳由近到远的顺序）：**水**星、**金**星、**地球**、**火**星、**木**星、**土**星、**天**王星、**海**王星

联想：在**水**里捡到一个**金球**，捞起金球抠开是一个**地球仪**，旋转地球仪，呼的一下燃起了大**火**，大火引燃了旁边的**木**头堆，挖**土**掩埋木头堆灭火，飞来一群**天**使帮忙，天使召唤来了**海**啸。

回忆这个画面时，你将想起故事中的那些物品，这显然和你之前学到

的谐音记忆不一样，更多的是需要你去联想这个故事。我相信你一定能记住我讲的这个故事，但我需要激活的是你去“导演”故事的能力。在今后的学习路上，你将遇到无数类似的知识，你需要具备的是创造画面的能力！这样的记忆方式非常牢固，因为它调动了你更多的脑区，有视觉、平衡觉、听觉、触觉等，这是多通道的记忆。想要成为真正的记忆高手，你一定要掌握背后的记忆原理。

实例 02
人体八大系统

人体八大系统：**消化**系统、**泌尿**系统、**运动**系统、**神经**系统、**内分泌**系统、**呼吸**系统、**生殖**系统、**循环**系统

联想：早上起床胃不舒服，**揉揉胃**，一边揉一边撒**尿**，撒完尿就在厕所做**蛙跳运动**，家人说你是不是得了**神经病**，突然你**口吐白沫**，家人来捏住你的**鼻子**，你肚子膨胀起来感觉**要生了**，用**呼啦圈**勒住肚子不让它再胀大。

你能接受这个怪异的画面吗？要接受，要跳出固化思维。不要觉得故事没有逻辑，有逻辑的故事你不一定能记住，没有逻辑的画面更能加深印象。万能的记忆四步骤的第一、第二步——发散和转换，是同时发生的。你会发现我们并没有直接记原有信息，而是把它们变成了更具体、更贴切的某些动作或是物品来记忆。比如“消化”→“揉胃”，“泌尿”→“上厕所”，“运动”→“蛙跳”等。为什么要这样做呢？这是记忆术的核心

思想——变抽象的为形象的，借已知的记未知的。大脑记不住抽象的信息，具象化后才能记忆。那“发散”和“转化”又是什么意思？比如，说到“消化”你会想到什么？“蔬菜”“胃痛”“拉肚子”“打嗝”“消防栓”等词可能都是你能想到的，为什么能想到这些词？因为它们都和“消化”有关联，有的是逻辑关联，有的直接是读音关联，有的是形状相似等，像这样通过发散思维瞬间想到很多关联词的过程就叫作“发散”。发散出来那么多词，我们选用哪一个来帮助我们记忆呢？比如，我在众多发散出的词语中最终选了“胃痛”这个词，这个过程就叫作“转化”。简而言之，“消化系统”等同于“胃痛”，你记的是“胃痛的画面”，而不是抽象的“消化系统”这个词。

实例03

唐朝皇帝（安史之乱爆发前八任）

唐朝皇帝：李**渊**、李**世民**、李**治**、李**显**、李**旦**、**武则天**、李**重茂**、李**隆基**

联想：**深渊**里跳出**市民**，市民递给你**卫生纸**，你用卫生纸擦**显微镜**，用显微镜观察**鸡蛋**，咔一下鸡蛋裂开爆出来一个**武则天**，武则天衣服里塞了**很多帽子**，你用帽子盖在一个笼子上，**笼子里有只鸡**。

图片比文字更加直观，学习的重心并不是这个知识点本身，而是搞懂什么是“发散”“转化”，这里的深渊、市民、卫生纸、笼子里有只鸡，都是通过发散后最终转化出的内容。我们记的仅仅是转化后的事物而已。怎么记呢？是通过创造故事画面的形式来记忆的，创造的这个过程就是我们记忆的第三、第四步——“动态”和“连接”。

实例 04
元素周期表之一

你是怎么记元素周期表的呢？是不是堵着耳朵反复读？接下来看看我联想的画面，一定会让你对元素周期表前十位过目不忘。

元素周期表前十位：**氢**、**氦**、**锂**、**铍**、**硼**、**碳**、**氮**、**氧**、**氟**、**氖**

联想：有一个**青椒**掉进了**大海**，海里有一只**鲤鱼**，鲤鱼捆着**皮带**，皮带另一端被一只**大鹏**抓着，大鹏吐了**一口痰**，那口痰掉在**鸡蛋**上，蛋里爆出一只**羊**，喂羊吃**斧子**，沿着斧子流出很多**奶**。

发散和转化是基本功，你熟练了吗？只要打开发散思维，选择一个自己最熟悉、最具形象化的物品代替原信息，并且养成这个习惯，那你就真正迈上了超级记忆的“高速公路”，我们之前用谐音法处理的很多信息都可以用这个方式来记忆。

实例05
人名

作为职场人士，记人名是非常重要的技能。别人刚刚介绍完自己，结果你转眼就把别人给忘了，这容易引起尴尬。只要稍微懂得“转化”的技巧，你就能避免遇到这样尴尬的情况。

利用上图内容重点练习发散和转化，比如，你觉得第一个人的特征是什么？帽子？大嘴巴？山羊胡？小眯眯眼？如果用“帽子”这个特征来记忆，那么帽子就是转化，你能想到的众多特征就是发散。同样，名字也需要发散转化，“范艺”能让你想到什么？“一边吃饭一边卖艺”？“很有范儿的艺人”？“爱画米饭的艺术家”？比如用“脸上沾满饭粒的画家”来转化。这样就完成人脸与名字这两个信息的发散转化了。接下来的第三、第四步是动态和连接，简单来说就是利用联想，将转化好的内容联系到一起。动态就是要让画面动起来，这样才记得牢固。比如这里可以联想：用帽子去盖住一碗饭，一个艺术家拿起来吃然后去画画。第二个人的莫西干发型是特征，转化成一支“排笔”，“李尧”转化成“装满李子的窑洞”，动态连接联想：用排笔去刷装满李子的窑洞。听起来有点复杂？把简单的事搞复杂了？千万不要这样认为，这就好比一个人刚开始学电脑打字会觉得慢，但一旦熟悉键盘，慢慢地就会发现键盘打字远超写字的速度。记忆的四个步骤也是一样的，有一个熟悉的过程，习惯以后这些都是瞬间发生的，能够让你过目不忘。

实例06

乐器代表作

二胡——《二泉映月》

琵琶——《十面埋伏》

古筝——《高山流水》

唢呐——《百鸟朝凤》

左边的乐器都是具体的事物，因此根本就不需要二次转化。右边的作品本身画面感也很强，可以做画面转化，也可以高度具象化，只要做好动态的连接就能瞬间记住。联想：对着月亮拉二胡；一边匍匐前进一边弹琵琶；在瀑布旁边拨动琴弦弹古筝；用力吹唢呐吹出无数小鸟。

实例 07
诗人雅号

诗人雅号是语文必考内容，这样的题记的时候觉得简单，但答的时候非常容易张冠李戴。为什么？因为记忆会发生干扰。其实，用记忆的四个步骤去处理就可以避免记错答错的情况。

诗人雅号：

诗骨——陈子昂

转化：骨头——橙子

诗杰——王勃

转化：姐姐——鸭脖

诗狂——贺知章

转化：狂风——章鱼

七绝圣手——王昌龄

转化：下围棋——铃铛

诗囚——孟郊

转化：囚犯——香蕉

诗奴——贾岛

转化：奴隶——小岛

诗豪——刘禹锡

转化：生蚝——蜥蜴

诗佛——王维

转化：佛像——围巾

动态连接：

吃橙子吃出一根骨头

姐姐在啃鸭脖

狂风吹来了章鱼

下一颗围棋子敲一下铃铛

强行喂囚犯吃香蕉

奴隶们挤满了小岛

蜥蜴身上吸了很多生蚝

给佛像轻轻地挂上围巾

这样的题型适合按照标准的要求做到记忆四步，我们发散、转化、动态、连接的目的是让记忆不再发生干扰，回忆有线索，这是从记忆心理学的角度而言，解决遗忘或是减缓遗忘的最有效的方法。鉴于本书是以实例为主，讲解为辅，所以需要读者朋友们耐着性子，跟随本书进度去逐步体会。不管是考公务员还是考研，大多数题型都是类似这样的 AB 型，即把两个需要记忆的信息对应记牢即可，这种时候采取四个步骤来记，你将比竞争者记得更快更牢。

实例08

各国代表作家

各国代表作家：

莎士比亚——英国

转化：沙子——绅士

歌德——德国

转化：德——德（共同特征）

雨果——法国

转化：雨——“法”字三点水（共同特征）

安徒生——丹麦

转化：生——蛋

托尔斯泰——俄国

转化：托马斯（动画角色）——鹅

高尔基——苏联

转化：高处——苏打水

泰戈尔——印度

转化：太阳——眼镜蛇

联想：

沙子弄脏了绅士的西服

都有德字，不必联想

雨与法有共同特征，不必联想

生了一个蛋

托马斯火车冲进了鹅群

站在高处喝苏打水

太阳太大，所以眼镜蛇戴上了眼镜

我一直在强调活学巧记，并不是说每一处信息都要发散转化，比如这里的歌德和雨果，从文字上就可以发现和各自对应的国家的共同特征，这也是一种巧记。

实例 09
世界十大名著

升级一下发散转化的难度：记忆十大名著。转化的内容仅供参考，活学巧记一定是灵活的，在对照的同时请你思考你会做怎样的转化。

世界十大名著：

《战争与和平》——托尔斯泰

转化：士兵冲杀的战场——拖鞋

《巴黎圣母院》——雨果

转化：教堂——下雨吃苹果

《童年》——高尔基

转化：小孩——高台

《呼啸山庄》——勃朗特

转化：吹风机——波浪头（谐音）

《大卫·科波菲尔》——狄更斯

转化：大卫雕塑——狄仁杰

《红与黑》——司汤达

转化：血旺——汤勺

《悲惨世界》——雨果

转化：乞丐——下雨吃苹果

《安娜·卡列尼娜》——托尔斯泰

转化：金发美女——托马斯火车

《约翰·克里斯朵夫》——罗兰

转化：约汉子——紫罗兰

《飘》——米切尔

转化：樱花飘——切米团

联想：

战场上士兵们的武器是拖鞋

下雨天吃着苹果躲雨跑进教堂

小孩爬高台，很危险

吹风机把发型吹成波浪头

狄仁杰现场勘查残缺的大卫雕像

用汤勺舀出血旺

下雨天对着乞丐吃苹果

托马斯火车撞到了金发美女

约很多帅哥到家，他们手捧紫罗兰

樱花飘落的季节切饭团

这里的发散转化比较“不符合常理”一些，是否符合常理不是发散转化好坏的标准，是否有趣、能够回忆、有细节才是判断的标准，但是否有趣、有细节却是因人而异的，仁者见仁，智者见智。比如我觉得战场上士兵对拍拖鞋的画面特别逗，你却觉得把“托尔斯泰”转化成“托塔李天王”更好，那完全没有关系，记忆术是帮助你高效记忆的，所以，你怎么开心就怎么来呗！

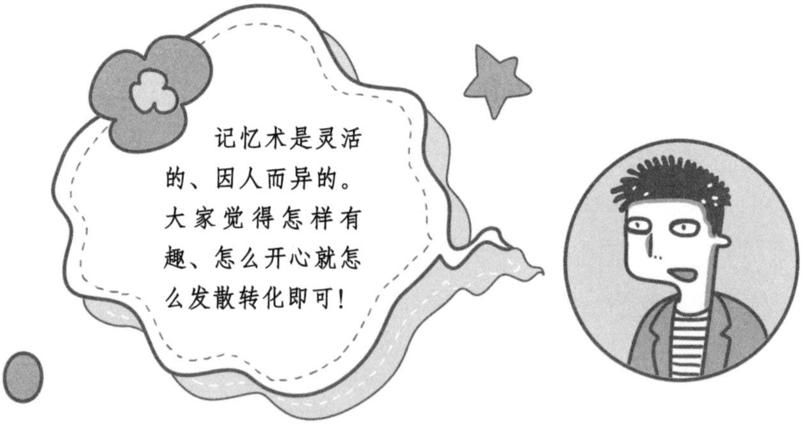

实例 10
三十六计之一

草船借箭，一石二鸟，十面埋伏，树上开花，其中哪个不是三十六计？正确答案是只有“树上开花”属于三十六计，其他三个都不是！出题老师不会傻傻地考你第一计是什么、第二计是什么，你必须完整记忆三十六计，把三十六个全部记完，这样才能熟练运用、答题。

三十六计前十计：

01——**瞒天过海**

发散转化：绿叶（谐音）——过海

动态连接：**用绿叶做掩护悄悄游过大海**

02——**围魏救赵**

发散转化：梨儿（谐音）——围住一个城池

动态连接：**一群士兵围住一个城池，坐着吃梨**

03——**借刀杀人**

发散转化：大象（形）——杀人

动态连接：**骑着大象借了把刀想去杀敌人**

04——**以逸待劳**

发散转化：零食（谐音）——躺在摇摇椅上

动态连接：**躺在椅子上，一边摇一边吃零食**

05——**趁火打劫**

发散转化：灵符（谐音）——起火打劫

动态连接：**用灵符施展魔法，起火后打劫**

06——**声东击西**

发散转化：琉璃（谐音）——两边发出声响

动态连接：**两边都丢玻璃珠子发出声音吸引敌人**

07——**无中生有**

发散转化：凉席（谐音）——魔术师变戏法

动态连接：**魔术师凭空变出凉席，把自己裹起来**

08——**暗度陈仓**

发散转化：泥巴（谐音）——黑暗的旧仓库

动态连接：**黑暗的旧仓库里伸手一摸，全是泥巴**

09——**隔岸观火**

发散转化：泥鳅（谐音）——河对岸起火

动态连接：**一群泥鳅像吃瓜群众一样看对岸起火**

10——**笑里藏刀**

发散转化：蛇（谐音）——刀

动态连接：**一条蛇眯眯笑的时候突然口吐尖刀**

发现了吗？数字也能转化，用什么手段转化？谐音。所以谐音其实就是一种转化的手段，抓住原信息和转化信息的读音相似性这个特点，把抽象的变成了形象的。数字的转化可以用谐音、象形等方法，在后面的篇目中有更详细的编码法。

实例11
三十六计之二

三十六计第十一到第二十计：

11——李代桃僵

发散转化：筷子（象形）——桃子和姜

动态连接：一根筷子串桃子，一根筷子串生姜

12——顺手牵羊

发散转化：婴儿（谐音）——羊

动态连接：一个婴儿悄悄牵走了羊，却因为拖不动而被羊拖着走

13——打草惊蛇

发散转化：医生（谐音）——打蛇

动态连接：一群医生在四处找蛇

14——借尸还魂

发散转化：钥匙（谐音）——灵魂出窍

动态连接：用金钥匙施法，出窍的灵魂就回到了肉体

15——调虎离山

发散转化：鹦鹉（谐音）——老虎

动态连接：一群鹦鹉引开了老虎

16——欲擒故纵

发散转化：石榴（谐音）——玉琴（谐音）

动态连接：**用石榴在玉石做的古琴上不停摩擦刮出石榴汁**

17——抛砖引玉

发散转化：仪器（谐音）——砖头

动态连接：**用仪器改造，砖头可以变成玉石**

18——擒贼擒王

发散转化：尾巴（谐音）——大王

动态连接：**要想逮住他们的大王就要去抓住他的尾巴**

19——釜底抽薪

发散转化：药酒（谐音）——斧头（谐音）

动态连接：**药酒里泡了一把斧头**

20——浑水摸鱼

发散转化：蜗牛（象形）——摸鱼

动态连接：**在鱼塘里摸鱼却全是蜗牛**

实例 12
三十六计之三

三十六计第二十一到第三十六计：

21——金蝉脱壳

发散转化：鳄鱼（谐音）——脱皮

动态连接：**鳄鱼一边左右摆动地爬行一边脱掉了皮**

22——关门捉贼

发散转化：耳环（象形）——关门

动态连接：**发现耳环不见了，马上关门搜查嫌疑人**

23——远交近攻

发散转化：乔丹（发散）——远射投篮

动态连接：**乔丹对着篮筐一个远投，中了**

24——假道伐虢

发散转化：盒子（谐音）——假兔子

动态连接：**打开盒子突然跳出一只弹簧兔**

25——偷梁换柱

发散转化：二胡（谐音）——柱子

动态连接：**背靠柱子拉二胡，柱子开始共振**

26——指桑骂槐

发散转化：二轮车（谐音）——指着树大骂

动态连接：**一边骑自行车一边指着树大骂**

27——假痴不癫

发散转化：耳机（谐音）——痴呆

动态连接：**过度使用耳机导致成了痴呆儿**

28——上屋抽梯

发散转化：恶霸（谐音）——抽屉

动态连接：**一个恶霸跑进家门到处翻抽屉**

29——树上开花

发散转化：阿胶（谐音）——开花

动态连接：**树上开花居然流出像阿胶一样的东西**

30——反客为主

发散转化：少林（谐音）——房间里赖着不走

动态连接：**在小和尚的厢房赖着不走了**

31——美人计

发散转化：鲨鱼（谐音）——美女

动态连接：**什么，你说把美女丢去喂鲨鱼？**

32——空城计

发散转化：伞儿（谐音）——空城

动态连接：**独自一人打着伞在空空的城市里游走**

33——反间计

发散转化：闪闪→星星（谐音的二次转化）——房间（谐音）

动态连接：**给房间里装饰闪闪的星星**

34——苦肉计

发散转化：扇子（谐音）——发苦的肉

动态连接：**一坨刚煮好的肥肉，用扇子扇一扇就不苦了**

35——连环计

发散转化：珊瑚（谐音）——套圈

动态连接：**套圈套到了很多珊瑚**

36——走为上计

发散转化：三轮车（谐音）——跑路

动态连接：**骑着三轮车跑路喽**

仔细体会，在连接的过程中套用的未必是与计谋本身相关的画面或是场景。比如“金蝉脱壳”是逃跑的意思，但这里并没有联想“骑着鳄鱼逃跑”，而是直接用了“脱壳”这个画面。请注意，活学巧记并不要求逻辑性，我们的大脑已经进化得非常精密，不会因为不符合逻辑，就破坏了原本的理解，完全不会！“最强大脑”们都是这样记忆的，如果连跳出固化思维联想的勇气都没有，谈何提升记忆力呢？

实例13
国家首都

记忆国家首都是常见的地理题，仅需要运用一点小技巧就能做到，即使时隔多年，也不会忘记。

国家首都：

柬埔寨——金边

转化：山寨——金条

老挝——万象

转化：老婆婆——很多象

黑山——波德戈里察

转化：深夜爬山——玻璃缸你擦（谐音）

葡萄牙——里斯本

转化：葡萄——历史书（谐音）

新西兰——惠灵顿

转化：西蓝花——惠灵顿牛排

波兰——华沙

转化：菠萝——滑沙（谐音）

列支敦士登——瓦杜兹

转化：荔枝炖十吨（谐音）——挖肚子（谐音）

联想：

看起来破烂的山寨里挖出大量金条

老太太养了很多大象

深夜爬山有个玻璃缸需要你擦

一边吐葡萄皮一边翻看历史书

切开惠灵顿牛排里边却没有牛肉只有西蓝花

抱个大菠萝滑沙

看着快炖好的十吨荔枝噗噗冒泡却不能吃，在一边挖肚子

相比“老婆婆养了很多大象”，“大象鼻子发射出老太太，老太太飞到天上掉进另一头大象鼻子里，接着又被发射”的画面显然更能帮助你记忆。也就是说，让画面动起来对于记忆是有很大帮助的。关于动态连接的理论化教学可以去看我的《图解超实用的记忆技巧》和《记忆脑科学》。

实例 14
各省面积

只要有了“数字是可以转化的”这个思维，那么下面这样的题型就非常简单了。

各省面积（部分）。为方便记忆教学，数据皆为概数（单位：万平方千米）。

四川——49

转化：熊猫——神剑

青海——72

转化：青海湖——旗儿

云南——39

转化：云朵——香蕉（谐音）

山东——16

转化：山洞（谐音）——石榴（谐音）

湖南——21

转化：湖上飘着篮子——鳄鱼（谐音）

陕西——21

转化：兵马俑——鳄鱼（谐音）

联想：

功夫熊猫舞动神剑

青海湖上插满了红旗

在云朵上挂满了摇摇欲坠的香蕉

山洞里堆满了血红的石榴

湖上的篮子打捞起来，里边有一只鳄鱼

兵马俑骑着鳄鱼猛揍

如果是对低年级孩子进行教学引导，他们容易在转化环节出现问题，比如把“湖南”转化成“湖的南边”，这是无效的，因为不管是湖的南边还是北边都不是具象化的信息，即使转化了也不能帮助回忆，到时候就可能和湖北、河北、河南搞混淆。再比如“山东”转化成“孔子”也是可以的，但有的孩子不知道这个知识点。不知道的内容用谐音处理就好了，并不是说必须去过、经历过才能转化，就算是通过一个字发散，从它的读音、相关性等想到其他具体的物品也是可以的。

实例 15
省会名称

初中的学生很容易记混各个省的省会名称，只要做好两个信息的连接，记忆出乎意料的简单，完全不需要重复再重复，以下仅挑几个便于联想练习的做示范，其他的请同学们举一反三。

山东省——济南

转化：山洞——拥挤

浙江省——杭州

转化：折耳根——航海家

湖南省——长沙

转化：湖里有个篮子——沙子

黑龙江省——哈尔滨

转化：黑龙——哈哈大笑

安徽省——合肥

转化：徽章——化肥

联想：

人们在山洞里挤来挤去

航海家全靠吃折耳根乘风破浪

打捞起湖里的篮子，里边装的全是沙子

一条黑色巨龙在哈哈大笑

把徽章埋到化肥里

实例 16

中国各地形面积比例

经过记忆力训练的大部分学生都能够毫不费力地搞定历史、地理、政治等学科，核心在于活学巧记，打开思路。还记得我说过的记忆术的核心吗？变抽象为形象，借已知记忆未知。

中国各地形面积比例：山地——33%，高原——26%，丘陵——10%，平原——12%，盆地——19%

联想：

看见山林里有一闪一闪的星星

在黄土高原上骑自行车

丘陵峡谷间藏着一条蛇

平原上有很多婴儿在爬

盆地可以当作盆来泡药酒

此处没有直接在原信息下标出转化过程，希望读者们慢慢适应，尝试自己转化。知识永远是记不完的，本书的目的也并非让你记住我列出的这些知识。你需要训练的是独立运用的能力，是用这四步法去不断获取你需要的知识，发散转化，用有趣动态的画面将知识点联想记忆，那才是我们的目标。

实例 17

航空公司机场代码

用一个稍难点的内容来练习一下，此处我列举了比较常见的航空公司机场代码。

航空公司机场代码：

东方航空公司——MU

转化：东方不败——木头

厦门航空公司——MF

转化：门——魔方（拼音首字母）

山东航空公司——SC

转化：山洞——蔬菜

成都航空公司——EU

转化：火锅——鹅拿个酒杯（象形）

上海航空公司——FM

转化：东方明珠塔——收音机

云南航空公司——3Q

转化：过桥米线——3 个皮蛋

新疆航空公司——XQ

转化：羊肉串——象棋

四川航空公司——3U

转化：大熊猫——3 个杯子（象形）

武汉航空公司——WU

转化：武——武

南京航空公司——3W

转化：蓝鲸——3 万块

首都航空公司——JD

转化：紫禁城——京东

上海吉祥航空公司——HO

转化：吉祥对联——楼梯上挂鸡蛋（象形）

上海春秋航空公司——9C

转化：丁春秋（武侠小说人物）——9 个月亮

华夏航空有限公司——G5

转化：虾——街舞（谐音）

全日空公司——NH

转化：和服——你好（拼音首字母）

港龙航空公司——KA

转化：龙——卡

新加坡航空公司——SQ

转化：鱼尾狮——手枪

俄罗斯国际航空公司——SU

转化：战斗民族——速度

联想：

东方不败攻击木头

用门压烂魔方

山洞里长出新鲜蔬菜

吃火锅的时候一只鹅端个酒杯和你干杯

东方明珠塔就是一个收音机，发出声响巨大的广播

过桥米线里面加了3个皮蛋，搅碎

一边撸串一边下象棋

一只大熊猫头顶3个巨大玻璃杯

“武”字与拼音“WU”同音

3万块买了一头鲸鱼

京东老板逛紫禁城

楼梯上挂好鸡蛋以后再贴对联

丁春秋的大招是召唤 9 个月亮

一群虾在跳街舞

飞机上穿和服的人鞠躬对你说“您好”

信用卡上龙的图案变成了真实的龙飞了出来

用手枪瞄准鱼尾狮

战斗民族的飞机速度不是一般的快

实例 18
水浒一百单八将

记住水浒一百单八将确实有些难度，姑且把这个实例当作脑力训练吧，死记硬背当然是痛苦的，让我们用活学巧记的方式玩儿起来吧！

水浒一百单八将（前八人）：

01——天魁星及时雨宋江

02——天罡星玉麒麟卢俊义

03——天机星智多星吴用

04——天闲星入云龙公孙胜

05——天勇星大刀关胜

06——天雄星豹子头林冲

07——天猛星霹雳火秦明

08——天威星双鞭呼延灼

这个信息要比以往记的信息更难。首先，如果不记序号可能会使我们只能想起哪个说哪个（参见三十六计），连序号一起记更有利于按顺序回忆；其次，每一个人物信息是由三个信息片段组合而成的，比如天魁星 + 及时雨 + 宋江，所以要记这个内容实际是要把数字与三个信息一并动态连接锁定，也就是说一个人包含 4 个信息片段。通过阅读故事、看电视等方式我们会比较熟悉名字，因此我们可以在熟悉名字的基础上再记。

联想：

拨开绿叶看见向日葵，摘掉向日葵就下起了大雨，大雨流成了江河

把梨榨成汁接到水缸里，引来一只麒麟，麒麟长着一张英俊的脸

铃铛挂在鸡的头上，鸡顿时开悟，到处吃蜈蚣

闲得没事就吃零食，撕开零食飘出云朵，云朵变化成胜利的手势

贴灵符的人很勇敢，可以去参观大刀关羽

熊用玻璃珠子砸豹子，豹子藏进了树林

叫醒睡在凉席上的猛男，让他跳霹雳舞，他一边跳舞一边弹琴

吃泥巴可以威力大增，拿着双鞭呼风唤雨

虽然转化以及联想都需要花一些时间，但只有这样做才能保证记得牢、记得准。

实例19

希腊十二主神

这个实例的难点在于主神名字的转化，有部分神的名字念起来比较拗口，采用谐音转化比较好处理。

希腊十二主神：

众神之王——**宙斯**（宇宙）

天后——**赫拉**（喝了）

海神——**波塞冬**（冬瓜）

农业女神——**德墨忒尔**（德国的儿）

战争与**智慧**女神——**雅典娜**〔圣衣（动漫）〕

光明之神——**阿波罗**（菠萝）

狩猎女神——**阿尔忒弥斯**（啊！儿童密室）

战神——**阿瑞斯**（啊！瑞士）

爱神——**阿佛洛狄忒**（安否？落地灯）

火神——**赫菲斯托斯**（河粉是剁丝）

炉灶女神——**赫斯提亚**（何时提鸭？）

神使——**赫尔墨斯**（和儿摸石）

联想：

宇宙是众生之王

天上掉下来水，一定要喝了

海上飘着冬瓜

德国的儿女们在田间劳作

圣衣雅典娜赐予战士们智慧

切开菠萝射出光芒

啊！这个儿童密室里藏有猎人

啊！瑞士居然是中立国，没有发生战争

爱我就给我安一个落地灯

河粉剁成丝以后再用火烧

炉灶上的鸭子到底什么时候可以提走?

和儿子摸石头的时候出现了神使

实例 20
英语单词拆分

在谐音篇中我们学过单词的记忆方法，通过谐音我们解决的是词义问题，即会说、听得懂但不一定会拼写，这里的单词拆分解决的就是拼写+词义的问题，两者结合起来就是一个比较系统的单词记忆方法了。

shell [ʃel] 贝壳

拆分：she 她——ll 筷子

联想：**一个小姑娘在用筷子夹贝壳**

chess [tʃes] 国际象棋

拆分：che 车——ss 美女（形）

联想：**车里有两个美女在下国际象棋**

change [tʃeɪndʒ] 零钱

拆分：chang 嫦——e 娥

联想：**把零钱都给嫦娥**

turkey ['tɜ:ki] 火鸡

拆分：tur 突然——key 钥匙

联想：**突然跑出来一只叼着钥匙的火鸡**

schedule [ˈʃedjuːl] 行程单、计划表

拆分：s 美女（形）——chedule 车堵了

联想：**美女坐的车堵了，结果行程表上的景点全部都没有去成**

damage [ˈdæmɪdʒ] 毁坏

拆分：dama 大妈——ge 歌

联想：**大妈唱歌破坏力太强**

拆分的核心思路还是发散转化，不是只有英语本身的词根词缀可以拆，按拼音、首字母、象形、词义、组合等都可以进行拆分联想。核心目的还是把抽象信息变成形象的物品，但单词的拆分十分讲究技巧，市面上也有很多书籍为了拆分而拆分，这就真的把简单的事情搞复杂了。在高考必背的 3500 个词汇中大概只有 1/5 可以比较完美地拆分，其他的并不太适合初学者用拆分的方法。

实例21
英语单词首字母记忆法

你是否遇上过明明是背过的单词但就是想不起来的情况？这时突然有个“雷锋”提醒你一下，你就想起来了。想不起一个单词大概率是想不起它的首字母，想起了首字母就能想起单词了。虽然首字母记忆法是辅助记忆手段，不能完美解决读音、拼写的问题，但它至少能加强你对单词的印象，巩固词义的场景。以下列10个单词为例来介绍这种方法。

sausage ['sɔ:sɪdʒ] 香肠

转化：蛇——香肠

math [mæθ] 数学

转化：妈妈——数学老师

patient ['peɪʃnt] 病人，耐心的

转化：停车场——病人

invent [ɪn'vent] 发明

转化：蜡烛——发明家

joke [dʒəʊk] 笑话

转化：钩子——笑话

lamp [læmp] 灯

转化：绳子——灯

vacation [ve'keʃən] 假期

转化：胜利的手势——放假

camera ['kæmərə] 照相机

转化：月亮——照相机

grape [greɪp] 葡萄

转化：鸽子（拼音）——葡萄

ugly ['ʌgli] 丑陋的

转化：杯子（象形）——丑陋的

联想：

蛇肉做成了香肠

妈妈是数学老师

病人全部走到停车场去了

发明家发明了蜡烛

拿钩子的人在讲笑话

用绳子把灯挂起来

放假了比胜利的手势

用照相机拍月亮

鸽子叼走了葡萄

那个拿杯子的人长得确实丑

是不是每一个词的词义场景更加具体了？首字母记忆法非常简单实用，不会带来任何多余的记忆负担，想起说笑话的场景就想到了拿钩子的那个人，想到丑就想到拿着杯子，自己就可以提醒自己了。

实例 22
文学作品记忆之一

文学作品怎么记？这是被问得最多的问题，请听好：文学作品最需要记忆术，只有前面的基础都打好了，在背文学作品时才能达到效果，因此初学者不要一开始就追求记忆文学作品，就算告诉你怎么记，你的效果也未必好。此外，不同的文学作品有不同的记忆方法，同一篇文章不同段落也有不同的适合方法，所以要看具体是什么文学作品。总之，文学作品的记忆是非常灵活的，需要交叉使用各种技巧，下面我给出理想状态下的一些情况，请大家自行感悟。

登 高

杜甫

风急天高猿啸哀，渚清**沙白鸟飞回**。
无边**落木**萧萧下，不尽**长江**滚滚来。
万里**悲秋**常作客，百年**多病**独登台。
艰难苦恨繁霜鬓，潦倒新停浊**酒杯**。

涂鸦记忆法图示

这里用了一种新的手段，即利用涂鸦的形式来辅助记忆，“风急”画一朵云在吹风，“鸟飞回”画成“白沙边鸟在飞”。这也是一种转化的手段，而且在中小学的记忆方法教学中这是重点。中小学阶段用这个方法基本上可以搞定语文课的大部分背诵内容。它的重点在哪里？首先，要抓每一句诗中的关键词画成画，这个过程是一个输出的过程，会无形中带着你去想场景、形状等，所以抓住了你的注意力；其次，就像画画一样，它能调动大脑更多的区域。涂鸦记忆法就是利用了这个原理，一定要按诗句的顺序，按步骤一句一句地把物品画出来，然后才能很好地回忆。记住，涂鸦记忆法也是一种辅助手段，要在熟悉原文的基础上去做。

实例 23
文学作品记忆之二

四年级文章《普罗米修斯的故事》（节选）。

普罗米修斯这个**人类**伟大的朋友，这个曾经把**火**带给人类，使人类脱离了**苦海**，教会了人类怎么**生活**的伟大英雄，如今却身缠**铁链**被拴在山崖上。**狂风**终日在他身边呼啸；**冰雹**敲打着他的面庞；凶猛的**大鹰**在他耳边尖叫，用无情的**利爪**撕裂他的肌体。普罗米修斯忍受了这一切苦痛而不**哼一声**，决不乞求宙斯仁慈，决不对自己做过的事说一句懊悔的话。

涂鸦记忆法图示

涂鸦记忆法的核心是绘画的步骤，这幅图首先我画的是最左边的火柴人，它代表文章的第一句。以每一个逗号为节点，以第二句的“火”作为关键词画了火把，下一句“苦海”就画了“海洋”，接着“生活”画成了“电饭煲”，以此类推。顺序是关键，闭上眼睛回想画面，依据画面线索回忆整篇文章，记忆就可以非常清晰。同时也要提醒各位，灵活不是说整篇都要画成画，只需要把总是记错搞混的部分画出来就可以了！

实例 24
文学作品记忆之三

这首词极其感人肺腑，请仔细阅读。

江城子·乙卯正月二十日夜记梦

苏轼

十年生死两茫茫，不思量，自难忘。千里孤坟，无处话凄凉。纵使相逢应不识，尘满面，鬓如霜。

夜来幽梦忽还乡，小轩窗，正梳妆。相顾无言，惟有泪千行。料得年年肠断处，明月夜，短松冈。

这首词是苏轼纪念亡妻所写，感人就感人在其具有细腻的画面感！我们来看看，“十年生死两茫茫，不思量，自难忘”，我想到的是落魄的苏轼坐在烛台前望着窗外，微微摇头，甚至叹了一口气的画面；“千里孤坟，无处话凄凉”，画面转到一个墓碑，镜头拉远是一个荒凉的小山包；“纵使相逢应不识，尘满面，鬓如霜”，画面是蹒跚的苏轼走到坟前，双鬓已成白发的他用衣袖擦拭着墓碑；“夜来幽梦忽还乡，小轩窗，正梳妆”，这是极有画面感的一幕，读者好像看到了年轻时候妻子漂亮的相貌，她在窗边微笑着，正梳着头发；“相顾无言，惟有泪千行”，他们四目相对，什么也没有说，但止不住泪流满面；“料得年年肠断处，明月夜，短松冈”，画面转到一轮圆月，月光照射在孤坟上，画面拉远……你看到画面了吗？如果能，那恭喜你，你已经打开最强大脑的通道了，我在读这首词的时候，画面的细节、情感我都能身临其境地感受到——这就是文章的记忆方法。所谓文章就是作者对所见所闻的一种描述，通过文字表达出来，如果阅读文字的人能通过文字还原作者所经历的画面，那自然而然就能够轻松记忆了。

实例 25
北斗七星

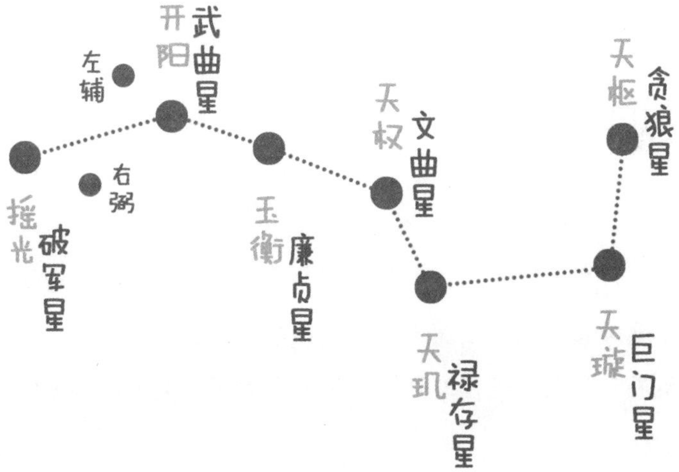

北斗七星从右往左依次是：天枢、天璇、天玑、天权、玉衡、开阳、摇光（又称：瑶光）。

发散转化如下：

天枢——天书

天璇——旋转木马

天玑——鸡

天权——拳击手套

玉衡——玉石

开阳——太阳

摇光——遥控器

动态连接：

打开**天书**里面有一个**旋转木马**在旋转，乘坐的游客是一只公**鸡**，公鸡头上戴着一个**拳击手套**，公鸡用戴着拳击手套的头撞向**玉石**，玉石裂开里边有一个**太阳**，用**遥控器**熄灭了太阳。

用标准的记忆四步骤记信息只是一种实战，更重要的意义在于有没有掌握这样的记忆思维。除开案例给出的参考答案，说到“天权”你能想到什么？说到“摇光”你能想到什么？可能是权杖、摇钱树等，也有可能是想到权利、摇摆等，很明显，后面一组“权利”和“摇摆”都过于抽象，没有达到转化的效果。所以，同样的记忆技巧，记起来有没有效果完全看自己掌握的程度。

篇目三

最强大脑两大技能（编码法、记忆宫殿）

实例01

商品价格

假设你脑子里预先装了一套“数字编码”系统，数字就不再是抽象的信息，而是你熟悉的物品，比如：98 =酒吧；15 =鹦鹉；79 =气球；22 =耳环；60 =榴梿；11 =筷子；88 =蝴蝶；21 =鳄鱼；12 =婴儿；7 =镰刀。熟悉以上编码以后，就能用10秒钟记忆下面的物品价格，并且能够过目不忘。

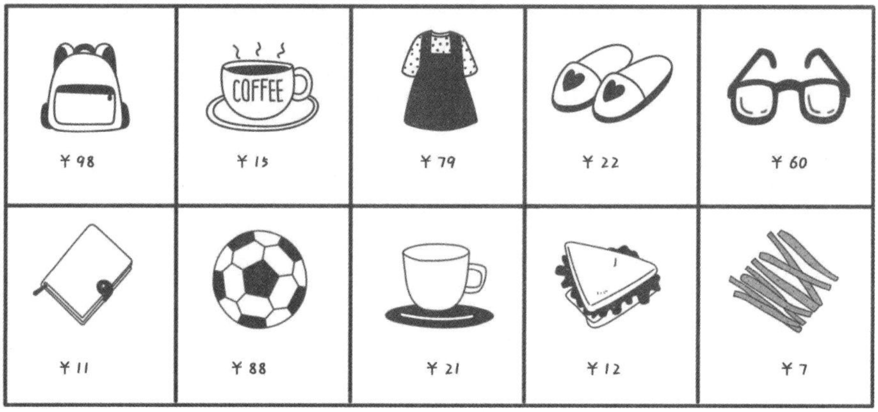

联想：

背着书包进酒吧，被赶出来

用咖啡杯喝酸奶的时候引来一只鹦鹉

把连衣裙挂在气球上飞走

拖鞋里塞满了扎脚的耳环

一个榴梿砸过来打碎了眼镜

筷子刺穿了笔记本

足球不小心踢到了天上的蝴蝶

用马克杯套住鳄鱼的嘴巴

婴儿在哭泣，塞给他三明治

用镰刀割辣条

似曾相识对吗？这不就是之前用过的把数字转化后进行记忆的方法吗？是的，数字编码记忆法就是把 00 ~ 99 的 100 个数字提前进行转化，把它们都变成熟悉的、具象化的物品，然后利用这些物品来辅助记忆的方法。每一个记忆高手都有属于自己的数字编码。就和学打字要先熟悉拼音一样，编码越熟练，处理数字信息就越快！在脑力锦标赛上，不论哪一个国家的选手都拥有自己的数字编码，国外选手利用英文字母的首字母组合去发散转化编码，中国和日本的选手靠谐音和象形去处理编码。我的常用编码见附录，供大家参考。

实例 02
数据信息

生活和学习中常要记一些数据信息，比如商品规格、历史年代、数理化常用的量，甚至是身份证、电话、客户生日等，只要学会编码，记忆一切和数据相关的信息就会十分轻松。

数据信息：

乐山大佛的高度——71 米

转化：大佛——爱奇艺

三星堆国宝一号**青铜神树**高度——3.9 米

转化：神树——香蕉

第一宇宙速度——7.9 千米 / 秒

转化：飞出地球——气球

东汉建立——公元 25 年

转化：冬瓜在流汗——二胡

人体能承受的**安全电压**——36 伏以下

转化：触电——三轮车

联想：

大佛坐着原来是在看爱奇艺追剧

神树上原来长的是香蕉

要想像卫星一样围绕地球飞行，就要拿着气球飞，达到最低速度

拉二胡给冬瓜听，听得它直冒汗

骑三轮车触电了

我一直都在强调记忆一定是灵活的，比如 36 伏以下是安全电压，那只需要记 36 和触电的对应关系就好了，至于是以上还是以下那根本就不需要记，因为可以用常识来判断和理解。同样，神树高度的 3.9 米以及第一宇宙速度 7.9 千米 / 秒中间的小数点也可以用理解记忆的方式去加深，而不是看到小数点就以为用不上编码了。

实例 03 随机数字之一

记忆大师只需要听一次或是看一眼就能记下密密麻麻的一长串数字。不要惊讶，这只是基本功，如果你熟悉了数字编码你也能做到。请先跟着我的引导挑战一次，挑战成功以后你自己再随便写些数字尝试。

随机数字：

30（少林） 12（婴儿） 00（锁链） 01（绿叶） 56（五花肉）

65（老虎） 45（师父） 60（榴梿） 88（蝴蝶） 80（巴黎铁塔）

21（鳄鱼） 53（牡丹） 66（蝌蚪） 90（酒瓶） 75（西服）

联想：**少林**小和尚发现一个**婴儿**，婴儿被**锁链**捆着，锁链上长满了**绿叶**，摘下绿叶包**五花肉**引来了**老虎**，老虎背上驮着一个**师父**，师父用**榴梿**扔你，榴梿爆裂飞出很多**蝴蝶**，蝴蝶爬满了**巴黎铁塔**，巴黎铁塔下有很多**鳄鱼**，鳄鱼嘴都含着**牡丹花**，牡丹花中间是**蝌蚪**，把蝌蚪装进**酒瓶**，酒瓶塞进**西服**。

如果你记住了这个小故事，那么你已经记住了这30个无规律的数字。少林小和尚发现了什么？请开始你的回忆。

实例04
随机数字之二

编码思维不单可以用来记数字，公式、常用专业名词、符号等都可以提前编码，诗人、古诗也一样可以编码，只要是常用的信息，都可以作为编码固定下来，在记忆的时候起到辅助的作用。

随机数字：

08（泥巴） 33（闪闪） 55（汪汪） 43（石山） 44（狮子）

37（山鸡） 04（零食） 84（巴士） 99（拳套） 46（水牛）

48（糍粑） 19（药酒） 20（蜗牛） 31（鲨鱼） 14（钥匙）

联想：**泥巴**地里刨出来一个**星星**，把星星给**小狗**含着，小狗爬上一座**石山**，石山上有一只**狮子**，狮子头上站着一只**山鸡**，喂山鸡吃**零食**才逃走，吃着零食上了**巴士**，巴士司机戴着**拳击手套**，他一拳打死了一只**水牛**，做牛肉丸，里面包**糍粑**，一边吃糍粑一边喝**药酒**，药酒里边泡了**蜗牛**，蜗牛放生到水里遇到了**鲨鱼**，鲨鱼嘴里含着一把**钥匙**。

是否能精准记忆取决于编码是否熟悉和联想的画面是否动态且有细节。注意这两点，你离“最强大脑”只有一步之遥。

实例05

各月代表的花

如果你已经掌握了数字编码的思维，记忆以下信息根本就是小菜一碟。

各月代表的花：

1月——**迎春花**
转化：绿叶——春天的阳光

2月——**杏花**
转化：梨儿——信

3月——**桃花**
转化：大象——桃子

4月——**牡丹花**
转化：零食——子弹

5月——**石榴花**
转化：灵符——石榴

6月——**荷花**
转化：琉璃——莲藕

7月——**海棠花**
转化：凉席——大海

8月——**桂花**
转化：泥巴——桂圆

9月——**菊花**
转化：泥鳅——菊花

10月——**芙蓉花**
转化：蛇——芙蓉蛋

11月——**水仙花**
转化：筷子——仙女

12月——**蜡梅**
转化：婴儿——腊肉

联想：

透过绿叶享受温暖的阳光

信封装了一个梨

大象鼻子里塞了桃子

打开零食里面全是子弹

在红艳艳的石榴上贴上灵符

把玻璃珠塞到莲藕的孔里去

凉席飘在大海上一直没有沉下去

剥开桂圆里边全是泥巴

给泥鳅戴上一朵黄菊

蒸好的芙蓉蛋里有一条蛇

用筷子去夹仙女

婴儿身上挂着沉甸甸的腊肉

细心的读者一定会发现，之前记三十六计的时候03的编码是“铃铛”，而这里却是“大象”。是的，两个都是我的编码，把0看作胖胖的身体，把3看作长长的鼻子就是大象了。你觉得牵强附会是吗？没关系，你可以使用你喜欢的编码，编码的核心在于用你熟悉的物品去代替抽象的数字，只要你能记住编码的对应关系就可以了，编码不好用也可以随时换。

实例 06
元素周期表之二

上一章节我们讲过元素周期表的记忆，虽然记得很快，但实际使用中还是要去数它的原子序数，那有什么方法可以把排序和原子序数都快速地记住呢？那就是数字编码！用数字编码记元素周期表绝对是最佳的手段。这里以 20 ~ 30 号元素为例。

元素周期表 20 ~ 30 号元素：

20——**钙**

转化：蜗牛——盖子

21——**钪**

转化：鳄鱼——康师傅

22——**钛**

转化：耳环——太阳

23——**钒**

转化：乔丹——帆船

24——**铬**

转化：盒子——鸽子

25——**锰**

转化：二胡——猛男

26——**铁**

转化：二轮车——狼牙棒

27——**钴**

转化：耳机——鼓

28——**镍**

转化：恶霸——镊子

29——**铜**

转化：阿胶——桶

30——锌

转化：少林——比心

联想：

盖子盖住蜗牛

鳄鱼吃方便面

给太阳戴耳环

乔丹在帆船上射篮

打开盒子飞出很多鸽子

猛男拉二胡

用狼牙棒敲坏自行车

戴着耳机打鼓

用镊子对付恶霸

桶破了个洞，阿胶全部流了出来

少林小和尚在比心

镍是几号元素？铬是几号？21号元素是什么？你是否都记住了呢？用数字编码来记元素周期表是最高效实用的方式，前提是数字编码一定要熟记。

实例07
诗词编码

李白、杜甫、白居易、苏轼、王维……中小学课本里谁的诗被选入最多？是李白。所以你是不是会在某首诗想不起作者的时候就答李白？其实像这样的易错易混淆信息特别适合用编码来记忆。为什么？因为人物特征都比较“虚”，更何况是你见都没见过的古代人物，而用编码能让画面“落地”。比如李白→道士，杜甫→豆腐，白居易→白色的房子，苏轼→东坡肉，王维→围裙。把这些编码加入古诗的记忆过程中，你还会张冠李戴吗？同样，诗词中常出现的词也能编码。以有着“孤篇压全唐”美誉的《春江花月夜》为例。

春江花月夜

张若虚

春江潮水连海平，海上明**月**共潮生。
滟滟随波千万里，何处**春江**无**月**明！
江流宛转绕芳甸，**月**照花林皆似霰；
空里流霜不觉飞，汀上白沙看不见。
江天一色无纤尘，皎皎空中孤**月**轮。
江畔何人初见**月**？江**月**何年初照人？

人生代代无穷已，江**月**年年望相似。
不知江**月**待何人，但见长江送流水。
白云一片去悠悠，青枫浦上不胜愁。
谁家今夜扁舟子？何处相思明**月**楼？
可怜楼上**月**裴回，应照离人妆镜台。
玉户帘中卷不去，捣衣砧上拂还来。
此时相望不相闻，愿逐**月**华流照君。
鸿雁长飞光不度，鱼龙潜跃水成文。
昨夜闲潭梦落花，可怜**春**半不还家。
江水流**春**去欲尽，江潭落**月**复西斜。
斜**月**沉沉藏海雾，碣石潇湘无限路。
不知乘**月**几人归，落**月**摇情满江树。

如果将“春”和“月”适当编码，为了避免重复使用产生干扰，甚至可以做两个编码，比如“春”= 衬衣、香椿煎蛋，“月”= 月饼、兔子，那么背起来的时候整个画面就不会显得特别“虚”，因为有了实体的画面感受，所以背诵难度也就大大降低了。有的人会说：“可我这样做了还是不能完全记住啊！”之前我说过，文章的记忆是非常灵活的，用编码处理一部分至少降低了难度，不要渴望一步登天，像《春江花月夜》这样高难度的文章不是用一个统一的记忆公式就能轻松记住的。能减少背诵难度，增强记忆效果，那就足够了，有了这个心态才可能真正提升记忆力！

实例 08

公式编码

我在《一本书学会超级记忆术和思维导图》中有过详细讲解，记忆某些专业领域的专业名词需要用到编码思维，比如高中生物的 DNA 四个碱基 ATCG 可以用四个编码记忆，化学中的硫酸根、碳酸根等一些固定组合也可以用编码记忆，电视节目《最强大脑》中有一个“记忆百家姓空间大挪移”的项目也是只需要提前把姓氏编码好就可以降低挑战难度。记忆一些反复出现的、会变换组合的信息时，尤其需要有编码思维。

三角函数（和差角公式）：

$\cos(a+b)=\cos a\cos b-\sin a\sin b$

$\cos(a-b)=\cos a\cos b+\sin a\sin b$

编码：cos= **妈妈**；sin= **爸爸**；a= **馒头**；b= **油条**；“+”= **拥抱**；“-”= **扇耳光**

第一个公式联想：把装了馒头和油条的口袋给了妈妈，妈妈分别拿出来吃了，走过去扇了也在吃馒头和油条的爸爸一巴掌。

第二个公式联想：把一个馒头撕成一个油条形状扔掉，剩下的部分给妈妈，妈妈不高兴就去重新买了馒头和油条吃，看见爸爸也在吃馒头和油条，于是笑了跑上去拥抱。

不论你用什么东西来编码，这个实例的核心是思维模式。进行了编码，是不是记忆就更加具象化了？以前那些反复记了无数次都记不住的“噩梦”，是不是有了解决的办法？相信你一定能够举一反三。

实例 09
工作待办事项

接下来我们要讲到“最强大脑”的第二项技能——记忆宫殿。假设某人一天要办的所有事如下：

1. 加油　2. 查征信　3. 理发　4. 和孙总谈项目　5. 去万达退裤子
6. 部门开会　7. 接娃去学画画　8. 买鱼　9. 修改标书　10. 上记忆课

所谓的记忆宫殿，核心就是借助空间、方位的固定顺序去记忆有序的信息。人物的器官也是有固定顺序的，因此我们可以记住这样一个顺序：1. 头顶；2. 眼睛；3. 鼻子；4. 嘴巴；5. 脖子；6. 胸部；7. 肚脐；8. 屁股；9. 膝盖；10. 双脚。这个顺序完全看个人喜好，由上至下还是由下至上，选眉毛还是选肩膀都没关系，关键在于你是否能回忆出这个顺序！只要这个顺序你能够轻松回忆，那么记什么内容就都没有问题了！

联想：

头顶上被淋了**汽油**

睁开**眼睛**就是银行贷款**征信**不良的信息

去**理发**店剪**鼻毛**

孙总被你咬了**一口**

把**裤子**当**围巾**戴

部门开会的时候大家都在**捶胸**

娃娃在你**肚脐**上**画画**

在菜场**一屁股**坐到了**鱼盆**里

跪着修改**标书**

上记忆课的时候给我闻你的**臭脚**

从上至下回忆我们之前选用的身体部位，是不是每件事情都想起来了？这就是最基本的记忆宫殿原理，借用固定顺序记忆！如果把这里的卡通人物换成更宽广、“部位”更多的房间，那就是不折不扣的记忆宫殿了。

实例 10
世界国家面积排行

现在用真实的空间图片来进行记忆。

世界国家面积排行：

1. **俄罗斯**（鹅）
2. **加拿大**（夹子）
3. **中国**（熊猫）
4. **美国**（钢铁侠）
5. **巴西**（西瓜）
6. **澳大利亚**（奥利奥饼干）
7. **印度**（眼镜蛇）
8. **阿根廷**（马拉多纳）
9. **哈萨克斯坦**（萨克斯）
10. **阿尔及利亚**（耳机）

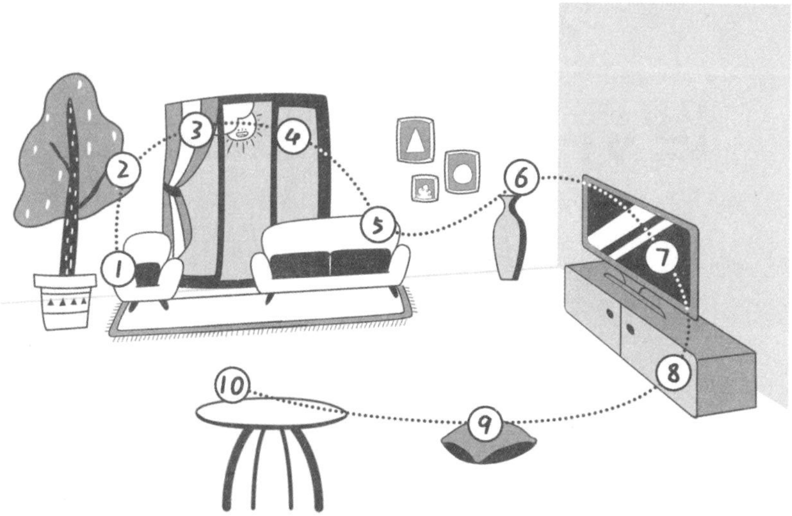

和之前选身体部位一样，假设这里的10个参照物（地点桩）是你提前选出并且已经熟悉了顺序的：1.沙发扶手；2.树；3.窗帘；4.落地窗；5.沙发；6.装饰花瓶；7.电视；8.电视柜；9.坐垫；10.茶几。稍加动态连接就能轻松记住。

联想：

鹅卧在沙发扶手上

树上夹满了夹子

窗帘后面藏了熊猫

钢铁侠破窗而入

沙发上放满西瓜

花瓶里藏了奥利奥饼干

眼镜蛇从电视里爬出来

马拉多纳踢坏了电视柜

坐在坐垫上吹萨克斯

耳机线缠住了茶几

为什么记忆宫殿是“最强大脑”的必备技能，也是最厉害的技能呢？因为利用“方位感”记忆是非常可靠的，它的错误率极低，而且就算其中某一个没有想起来也不会影响对其他信息的记忆，这一点相信你已经感受到了。记忆宫殿就好像一个无形的“U 盘”，空间越大地点桩越多，能够储存的信息内容也就越多。每一个记忆大师至少都有固定的几十套宫殿用于平时对信息的记忆，有的信息装进一个宫殿就不会再“清洗”了，可以永久保存，好比你用上面这张图记住了国家排名就再也不用这张图记其他东西了，如果你再用这张图去记新的内容，那么老信息就会被擦除掉。因此，要么你换一个新的宫殿装信息，要么就删除老信息再装新信息。

实例 11
百家姓

电视节目中常会出现背百家姓的表演，其实这一点也不难，利用记忆宫殿 10 分钟你就可以记住几十个姓氏！除开大部分人都记得住的“赵钱孙李周吴郑王”前 8 个，我们从“王”姓之后开始记 20 个。

百家姓: **冯**（缝纫机）、**陈**（陈醋）、**褚**（褚橙）、**卫**（卫星）、**蒋**（奖杯）、**沈**（身份证）、**韩**（韩国泡菜）、**杨**（杨柳）、**朱**（朱雀）、**秦**（秦朝）、**尤**（鱿鱼）、**许**（许仙）、**何**（荷花）、**吕**（吕布）、**施**（狮子）、**张**（张飞）、**孔**（孔子）、**曹**（草）、**严**（班主任）、**华**（花）。

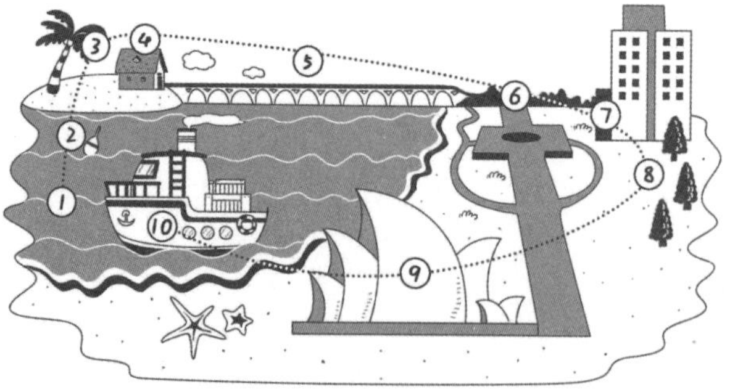

注意：使用记忆宫殿时，一般一个地点桩记 2 个信息，因此这次我们用标准难度，挑战 10 个地点桩记 20 个姓氏。地点桩分别是：1. 海；2. 浮标；3. 椰树林；4. 屋顶；5. 桥；6. 广场；7. 高楼；8. 树林；9. 歌剧院；10. 游轮。

联想：

海里捡到**缝纫机**，打捞起来淋些**陈醋**

浮标上串了很多**褚橙**，还有微型**卫星**围绕

椰树林里有个大**奖杯**，奖杯里装了**身份证**

房顶上晒**韩国泡菜**，泡菜发芽长出了**杨柳**

桥头有一只神兽**朱雀**，朱雀穿越来自**秦朝**

鱿鱼在**广场**上跳舞，**许仙**在一旁高歌

高楼上开满了**荷花**，**吕布**捧着荷花从高处跳下

树林里有**狮子**，**张飞**打死了狮子

孔子在**歌剧院**里讲学，里面长满了杂**草**

班主任在**游轮**上撒**花**

宫殿不一定要在室内，在室外也可以，只要是熟悉的固定顺序都属于记忆宫殿的范畴。

实例 12

随机成语

利用记忆宫殿记成语，既能很好地训练专注力、视觉空间想象力，又能记住实用的知识，提升语文成绩。这次稍微轻松一点，我们用 6 个地点桩来记 12 个成语。

随机成语：龙飞凤舞、一本正经、生离死别、春暖花开、牛鬼蛇神、天罗地网、千军万马、掌上明珠、老态龙钟、弱不禁风、张三李四、井底之蛙

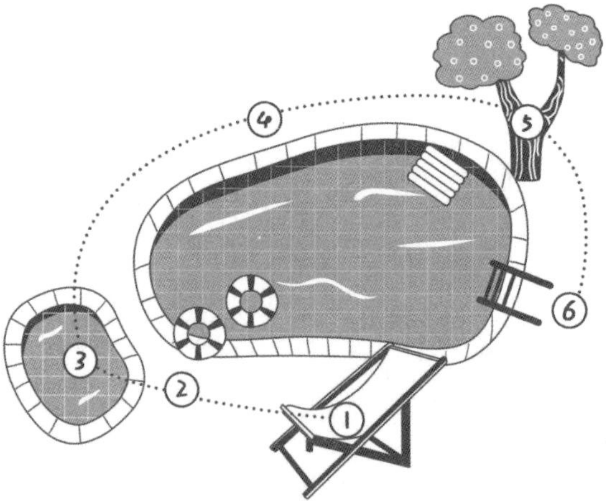

地点桩：1. 椅子；2. 过道；3. 小水池；4. 游泳池；5. 树；6. 台阶。

联想：

椅子上有龙和凤凰在飞舞，用一本书敲晕了它们

过道上有情侣拉着手被拖走，他们变成了雕像开满了鲜花

牛魔王在小水池搓澡，一张网网住了他

游泳池里千军万马在奔腾，他们在争抢一颗明珠

有个老太太在爬树，体力不支摔了下去

张飞在台阶上吃李子，一只青蛙跳到他脸上

这是非常好的综合练习手段，成语的发散转化质量、记忆宫殿视觉空间感的细节感受，以及是否能够动态地把信息与地点桩相连接，这些都决定了记忆质量。

实例 13
随机数字之三

在脑力锦标赛里，高手们往往需要在 1 小时以内保证一个不错地记住几千个无规律的数字，这就必须将数字编码结合记忆宫殿才能完成了。只要宫殿足够大，我们就能记住无穷无尽的数字，吉尼斯世界纪录记忆圆周率纪录的保持者记了将近 7 万位数字，就是因为有足够大的记忆宫殿。

随机数字：

79（气球） 11（筷子） 35（珊瑚） 00（锁链） 12（婴儿）

58（午马） 43（石山） 60（榴梿） 88（蝴蝶） 20（蜗牛）

14（钥匙） 57（武器） 75（西服） 09（泥鳅） 42（石猴）

92（球儿） 34（扇子） 02（梨儿） 55（汪汪） 89（扳手）

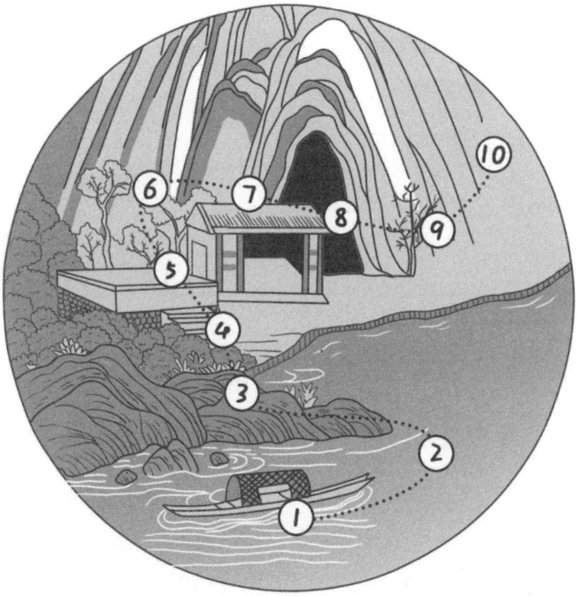

地点桩：

1. 小船；
2. 湖面；
3. 石岸；
4. 台阶；
5. 阳台；
6. 大树；
7. 房顶；
8. 洞；
9. 树枝；
10. 远山。

联想：

坐船玩气球，气球被飞来的筷子戳爆

湖下是珊瑚，珊瑚被套了很多锁链

婴儿在岸边爬，石岸上站了一匹马

台阶上在滚大石头，滚下来的还有巨大的榴梿

阳台上有很多蝴蝶，蝴蝶全部变成了蜗牛

大树上挂了一把金钥匙，用武器（板斧）把大树砍掉取钥匙

房顶上晒西服，西服包里揣了泥鳅

洞下有孙悟空，孙悟空将球踢向路人

用扇子扇树枝，树枝上掉下来梨

远山传来狂犬的叫声，一扳手扔了过去

地点桩的选择是有技巧的，一是要有顺时针或是逆时针的顺序；二是要挑选具有特征的物品；三是不要选重复的物品，这样会发生混淆；四是不要选可以移动的物品，这样的物品位置会变化。

实例 14 演讲稿

不少人一发言就紧张，遇到开会或是商务谈判的时候也会“脑子短路”忘说很多重要信息。其实，用记忆宫殿还能帮助我们不遗忘讲话的关键信息。把你所在的现场做成临时的记忆宫殿就可以了。我以一篇诸葛亮的简介来模拟演讲稿，看具体应该如何操作。

诸葛亮，字孔明，号卧龙。**出生**于琅琊阳都（今山东沂南）的一个官僚之家。官至蜀汉丞相。诸葛亮千百年来一直被视为智慧和忠诚的**化身**，一直是大家心中修身、齐家、治国、平天下的完美**偶像**。

诸葛亮早年**父母**双亡，由叔父代养。后来叔父投奔刘表，诸葛兄弟也搬到襄阳，隐居于隆中村，学习诸子百家的学说并广结贤士。后来，刘备**三顾茅庐**请诸葛亮出山。出山后的诸葛亮到东吴说服孙权联合抗曹，才有了后来的**赤壁之战**。后来又辅佐刘备**占荆州**，夺取**益州**，最终建立蜀汉。而自己也凭借汗马功劳，成为丞相。刘备兵败，在临去世前于白帝城将年幼的少主与蜀汉基业托付给诸葛亮。

诸葛亮一心**光复汉室**，通过4年时间平定南中、息民屯粮，准备北伐。

之后**7年间**，先后5次北伐，却因过于操劳而病重，病逝于**五丈原**，时年**54**岁。被葬于**定军山**。

228年，诸葛亮**第一次**北伐，出兵祁山，发动大型战争，但因用人不当，错失街亭，最终无功而返。**同年末**，再一次从陈仓出兵，但敌军坚守至援军到来，而汉军由于军粮耗尽，不得不撤退。229年，**第三次**北伐，攻下武都和阴平两郡。231年，诸葛亮**第四次**北伐，再次攻打祁山。这次北伐中，诸葛亮首次用“木牛”运粮，但由于**司马懿的坚守**，最终军粮耗尽，只得撤退。234年，第五次北伐，以“流马”运粮，从褒斜道出兵。后在五丈原扎营与司马懿**对峙**。无论如何挑衅，司马懿总是坚守不出。而诸葛亮最终因**过度操劳**而亡。

大家对于诸葛亮的了解大多来自《三国演义》。其中有不少**虚构**的故事，比如草船借箭、借东风、三气周瑜以及空城计。但诸葛亮确实有很多非常好的发明。诸葛亮发明的**木牛流马**是一种运输工具，类似于今天的独轮车。

他还推演出八阵图的阵法，以破骑兵。发明了**孔明灯**，用来传递信号。他还发明了一种**鼓**，战场上击打鼓舞士气，平时翻过来使用便是一

口锅。后人为了缅怀诸葛亮，在成都、南阳，以及汉中都修建了**祠堂**。

以上文章我标记了二十余处关键词，如果把关键词以外的信息去掉，这些词就变成了演讲时的文章骨架，当然，如果是你自己的演讲稿，那你应该更加熟悉。接下来观察一下你所在的环境，你立马就可以把柱子、音响、投影仪、花盆、白板、窗户，甚至评委老师等做成地点桩，然后把关键词和这些“新鲜出炉”的地点桩进行联想结合，你看着这些地点桩发言，岂有想不起的道理？商务谈判的高手甚至利用记忆宫殿一边听一边记住对方的发言，听完后再去一一解答，最终促成交易。在谈判中，茶几上的茶杯、旁边的饮水机、老板后面坐的秘书都能成为地点桩，将谈话的要点全部锁定在这些物品上，你说，是不是厉害到“宇宙爆炸”。

实例 15
扑克牌记忆

你有没有看到过“记忆大师禁止进入赌场”的新闻报道？虽然有点夸张，但记扑克牌确实是非常酷炫的，利用现在的技术，记忆大师们已经可以达到仅用十来秒就记住一副打乱顺序的扑克牌了，点数、花色一个不差。记扑克牌的核心是“编码”+“记忆宫殿”，52 张扑克牌（除大小王外）在记忆大师眼里其实都是数字编码，我们把这些数字编码“放到”记忆宫殿也就完成记忆了。以下面这副牌为例。

编码方法：把扑克牌点数和花色转化成两位数的数字，花色代表十位数，点数代表个位数，数字 10 用 0 代表，花牌单独编码：黑桃 =1；红桃 =2；梅花 =3；方块 =4。下面的牌从左往右就是♠2=12；♥K= 单独编码，比如这里用一个穿红色衣服的老板代替；♥10=20；♣3=33；♥6=26；♣J= 单独编码，这里用一根拐杖代替；◆ 2=42；♠3=13；♠Q= 单独编码，这里用皮蛋代替；♥8=28；♣A=31；◆ 5=45；♠6=16。转化为数字后就可以用数字编码记忆法了。下面的牌就是 12= 婴儿；老板；20= 蜗牛；33= 婶婶；26= 二轮；拐杖；42= 石猴；13= 医生；皮蛋；28= 恶霸；31= 鲨鱼；45= 师父；16= 石榴。13 张牌只需要 7 个地点桩就可以全部记住了，“赌神”在向你招手，背景音乐响起，闪光灯咔嚓、咔嚓闪起来，请开始你的表演。

篇目四

活学巧记秒记一切知识

实例 01
世界国旗

到此我们已经差不多了解了记忆的原理以及步骤，只要加以实践，相信你很快就能成为专家。在本章，我将综合前面内容，重点强调记忆策略的重要性。

国旗相似度比较高的有：

A 组：德国和比利时

记忆分析：颜色完全一致，德国是横的，比利时是竖的，“黑+红+黄”这不是孙悟空的配色吗？转化搞定。德国→德芙巧克力；比利时→比例尺。

连接：**躺着的孙悟空在吃德芙巧克力**；**站着的孙悟空在量比例尺**，完美！

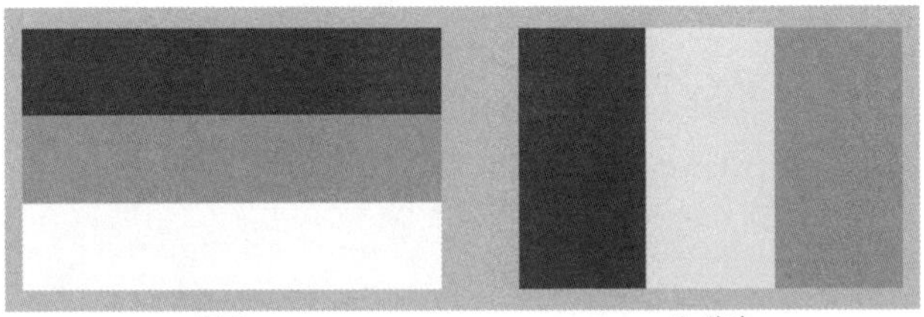

德国　　比利时

B 组：匈牙利和意大利

记忆分析：观察发现，匈牙利和意大利的国旗配色是一样的，只是一个是横一个是竖。“白绿”发散想到粽子，红色→辣椒；匈牙利→熊；意大利→歌剧

连接：**熊躺在地上吃了一个沾辣椒的粽子；站着唱歌剧的帕瓦罗蒂吃了一口沾辣椒的粽子，唱歌剧的时候可以喷火了。**

匈牙利　　意大利

没有记不住的知识，只要记忆策略合理。《最强大脑》节目上的那些看似神乎其神的项目，其实普通人也都能够做到。

实例 02
五岳

先考你下，南岳是什么山？西岳是什么山？中岳呢？看似简单的题，全答对的人却并不多。这种带有方位的信息怎么记呢？

五岳：北岳恒山、南岳衡山、西岳华山、东岳泰山、中岳嵩山

用涂鸦记忆法就能 1 分钟记住！上北、下南、左西、右东，首先在白纸上画个十字线，然后依次转化：恒山→永恒→钻石；衡山→平衡→天平；华山→谐音→花；泰山→谐音→太阳；嵩山→谐音→松树。接下来只需要在十字线的上面画钻石，下面画天平，左面画花，右面画太阳，中间画松树，轻松搞定，保证你终生难忘。

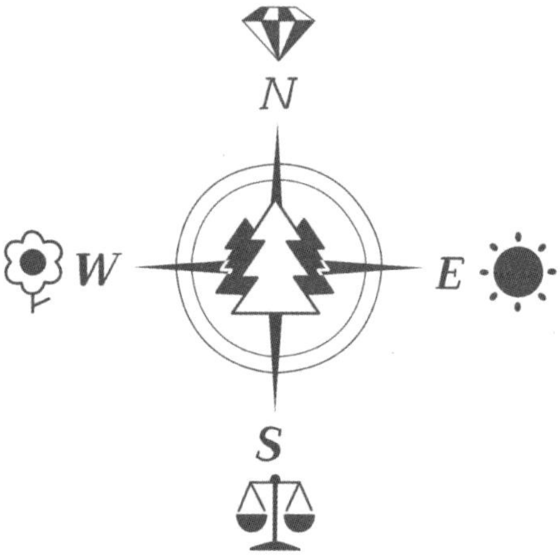

实例 03
地理常识题

许多地理常识也可以用涂鸦记忆法来记。

地理题目：

两极地区丰富的资源

（1）北极（**杯子**）地区

①资源：石油（**涂黑**）、天然气、煤（**美女**）、铁（**铁锹**）等

②动物：北极熊、海豹（**斑点**）、海狮（**鬃毛**）、海象（**鼻子**）

（2）南极（**服装品牌**）地区

①资源：煤、石油（**涂黑**）、铁（**铁锹**）、锰（**肌肉**）等矿产资源丰富；固体淡水资源丰富，是世界上最大的淡水库（**水滴**）

②动物：企鹅、海豹、磷虾、鲸等

记忆分析：首先应该结合自己的常识去理解记忆，其次用涂鸦记忆法加强，比如在这个知识点的旁边做笔记以方便复习，转化的内容已经标记

好，接下来只需要按顺序、按步骤去涂鸦即可。

以上图为例：先画杯子，然后涂黑；画美女，美女拿铁锹；然后画根象鼻子，鼻子上画斑点，鼻子末端再画鬃毛。灵魂神作完成！不要纠结画得像还是不像，我们不是在上美术课，这叫涂鸦记忆法，只要认真地去转化，把这些物品按步骤画下来，它就是最好的回忆“密码”。

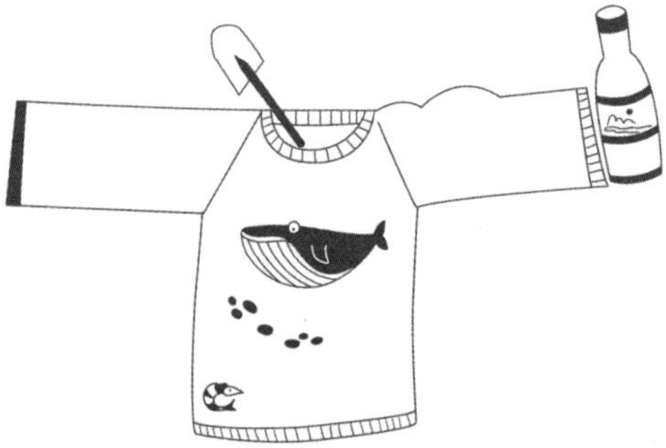

这幅灵魂作品代表的是南极，“南极”一词令我想到服装品牌“南极人”，左边衣袖涂黑代表石油，接着画铁锹，右边衣袖长了肌肉，拿着瓶矿泉水；剩下依次画上鲸鱼、海豹的斑纹、磷虾，大功告成。像南极企鹅、北极熊完全可以不用画，因为这种常识信息是你原本就知道的。

实例 04
用思维导图记写作文体

思维导图和记忆术是两项完全不同的技能，记忆术如果是招数，那么思维导图就是内功心法，建议各位系统地学习，本书只把它能够辅助记忆的部分实例列举出来参考。想要深入学习可以看我的《思维导图宝典》和《一本书学会超级记忆术和思维导图》。

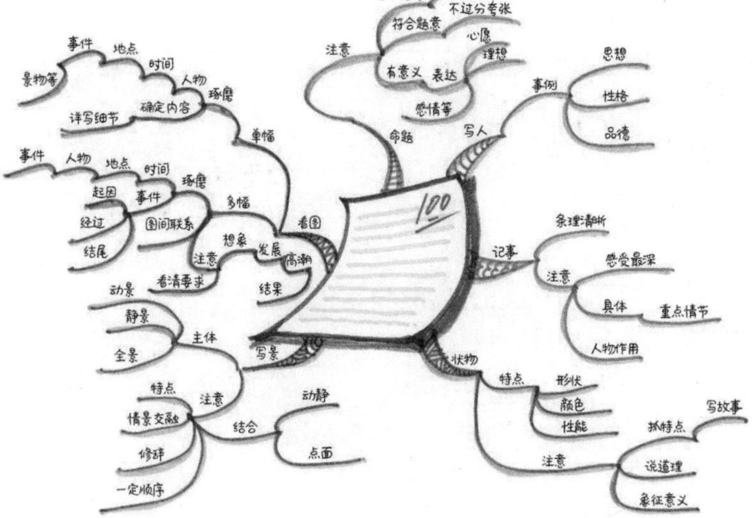

思维导图的核心是“发散性”与“逻辑性”，通过分支主干、关键词，以图文并茂的方式进行呈现，和一般的阅读笔记比起来，它更加聚焦，更能刺激记忆。你可以按顺时针从 1 点钟的方向开始尝试阅读，这里罗列的是小学 6 种写作文体。

实例 05

用思维导图记写作修辞手法

13 种常用修辞方法：比喻、拟人、反问、对比、反语、设问、对偶、排比、夸张、反复、双关、借代、引用。

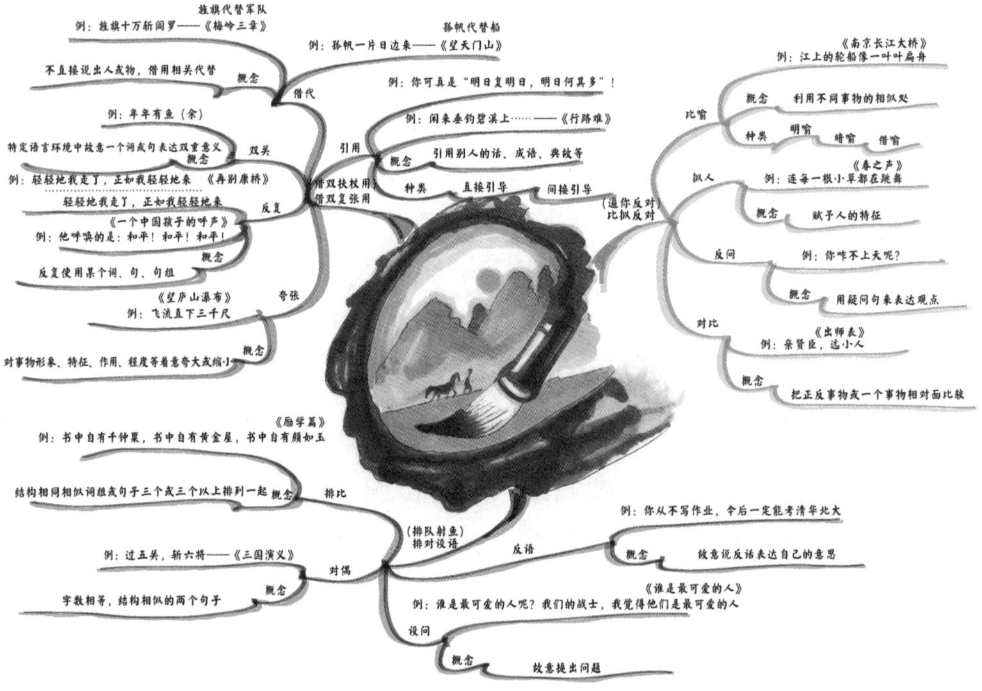

借助思维导图梳理知识点最大的好处是无形中帮助你建立了“框架”。

老师的教学以及学生的学习之间，最大的鸿沟就是老师是有体系的，老师觉得什么都可以理解、什么都简单，是因为老师已经经过数十年的学习，知识已经形成了体系。然而学生听知识是没有体系的，每一天上课都好比盲人摸象，关联能力强的学生，理解力就强，关联能力弱的学生，就理解不了。思维导图的发散型结构就是完美解决这个问题的方案。

实例06 用思维导图记忆古诗之一

用思维导图梳理、学习古诗是一种非常“学霸”的方法，本实例就带你体验一下。

早发白帝城

李白

朝辞白帝彩云间，

千里江陵一日还。

两岸猿声啼不住，

轻舟已过万重山。

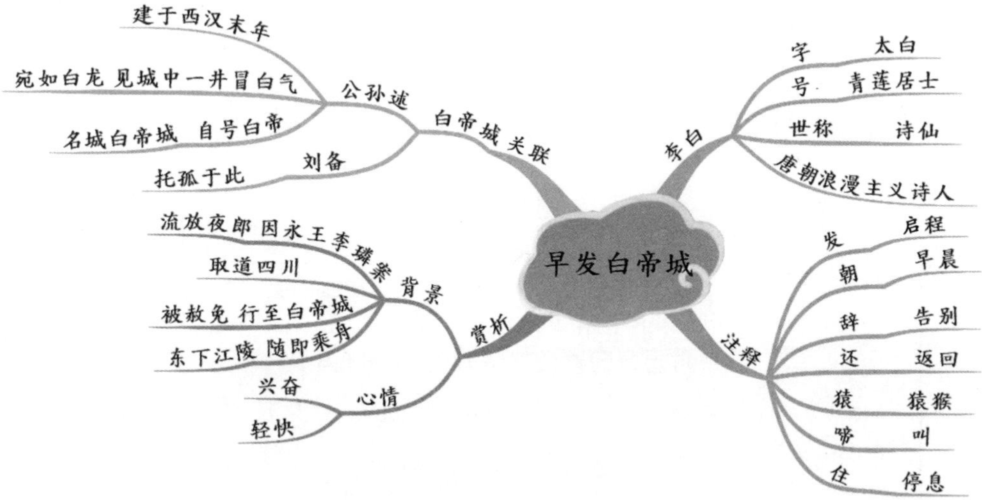

思维导图是按各个维度、重点去发散。首先，将诗人李白这条主干发散出去，把联想到的身份及其他重要信息填补或是查阅写上；其次，对照课文，或是根据自己的理解将重点难点从“注释”主干中发散开去；再次，通过“赏析”去发散这首诗的背景，想象诗人的心情；最后，这首诗的主题让你想到什么，这也是思维导图可以引发的思考。比如想到了“刘备白帝城托孤”“白帝城名字的由来”等。

实例07 用思维导图记忆古诗之二

蜀 相

杜甫

丞相祠堂何处寻，锦官城外柏森森。

映阶碧草自春色，隔叶黄鹂空好音。

三顾频烦天下计，两朝开济老臣心。

出师未捷身先死，长使英雄泪满襟。

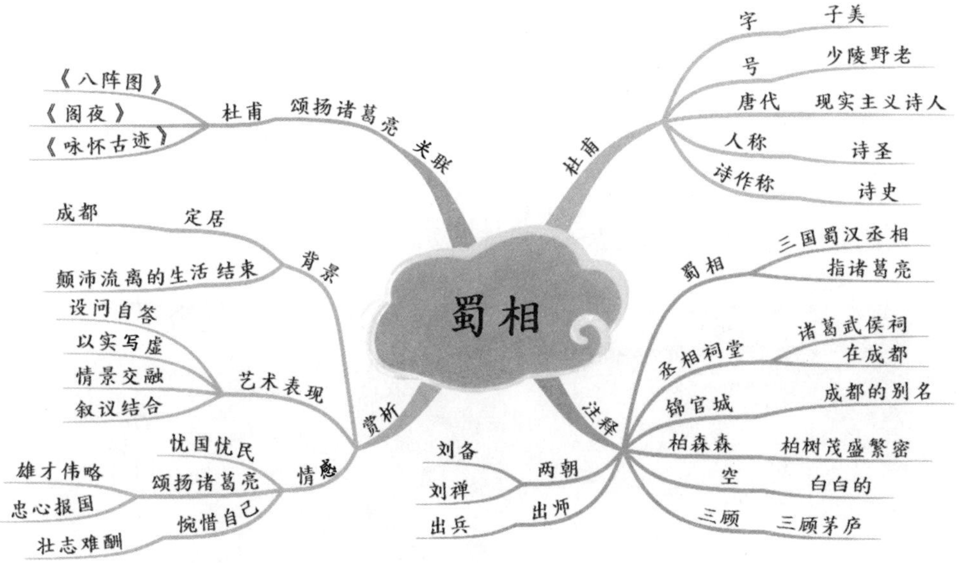

利用思维导图进行发散思考，最有价值的地方在于激发你的思考，而不是思考的结果。按示例的操作方式，从诗人、注释、赏析（或背景）、关联四个角度发散，比如这首诗写诸葛亮，那么杜甫还有没有其他诗也是写诸葛亮的？李白有没有写过诸葛亮？联想发散越多，你对诗词的了解、体会也就越深，这正是思维导图带给古诗学习的帮助。

实例 08
用思维导图了解杜甫

思维导图阅读法是提升语文成绩十分有效的学习方法，它的不同点是“关键字阅读”，但是这些关键字又是被分支主干的“逻辑关系”连接在一起，所以它是激发思考的阅读，而传统的阅读更容易让学生偏向于“认字”。就是说，看似读着很认真，实际没有在思考，更像是无效的读书。以杜甫的一生为例，你先尝试读思维导图。

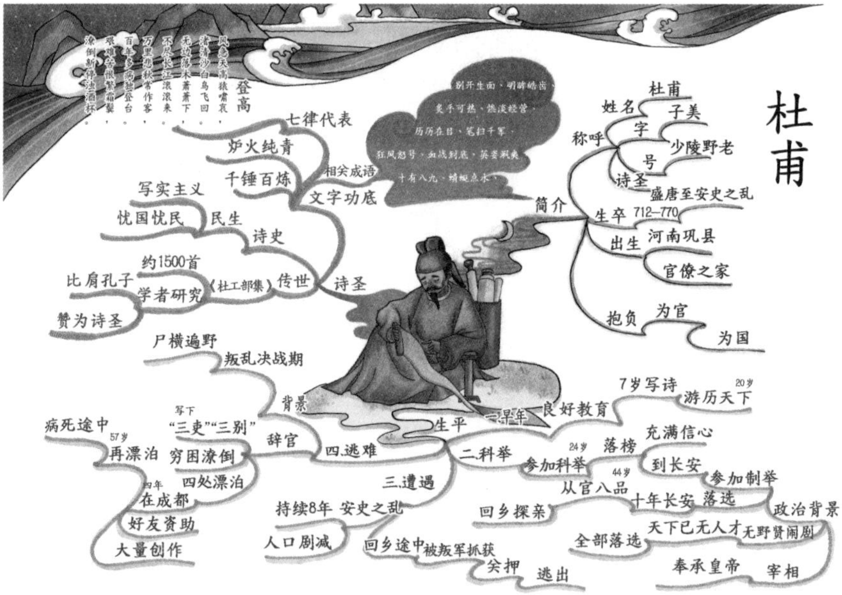

接下来阅读文字：

杜甫（712 年—770 年），字子美，号少陵野老，被后人称为“诗圣”，出生于河南巩县的官僚之家，受到祖辈们的影响，所以他从小的抱负就是当官，建功立业。

杜甫自小受到良好教育，7 岁便能作诗，20 岁便开始游历天下。24 岁时，参加了人生中的第一次科举考试，虽然落榜，却依然充满信心。在这之后，杜甫来到了长安，参加了长安正举行的制举考试。由于当朝宰相李林甫为了奉承皇帝，编导了一场“野无遗贤”的闹剧，称天下已经没有人才在外了，所以参加考试的考生全部落选。然而杜甫并没有放弃他的理想抱负，便留在长安，一待就是 10 年。到杜甫 44 岁的时候，正是朝廷用人之际，朝廷便提供了一个从八品的下官职，为了生计杜甫接受了这个职位。然而在上任报到后回乡探亲的途中，安史之乱却爆发了，刚拿到官印的他就被叛军抓了起来，被关押了一年后逃了出来。逃出来后立马去见了当时的新皇帝——唐肃宗，献了很多计策。唐肃宗为了稳固自己的势力，要将老臣全部清理出去，杜甫也属于被排挤的对象，于是杜甫辞掉了官职。这时暴乱已经逐渐被镇压下来，叛军和朝廷的军队决战在即，所到之处尸横遍野，这场安史之乱持续了 8 年之久，人口锐减。杜甫在辞官回乡的途中，看到如是场景，悲从中来，写下了著名的诗篇“三吏”“三别”。杜甫辞官以后，带着妻儿开始四处漂泊，此时的他穷困潦倒。他南下来到了成都，在好友的资助下盖了一间茅草屋，一住就是 4 年。在这 4 年之间，杜甫创作了两百多首诗。由于杜甫直来直去的性子，他和官员严武之间的矛盾不断升级，再一次举家搬迁，在白帝城待了一年多，此时他已 57 岁了。到耒阳不久后便病死。

杜甫共有诗篇约 1500 首被保留了下来，大多集于《杜工部集》。在杜甫生活的那个时期，他并不出名，经过后期学者们的钻研考究后，认为杜甫可与孔子比肩，应该被称为诗圣，并得到了其他学者的认可。杜甫的诗作被称为“诗史”，大部分诗书写的都是人民的生活，所以他也是一位忧国忧民的现实主义诗人。杜甫的文字功底深厚，遣词更是千锤百炼，我们今天用到的很多成语都来自他的诗中（别开生面、历历在目、炙手可热等），他的著名诗篇《登高》更是被称为千古七律第一，句句为律，字字珠玑。

思维导图带来的是一种更加立体、更加全息的阅读体验。

实例 09

用思维导图了解秦始皇

加强阅读体验，请认真阅读秦始皇简介的思维导图：

秦始皇文字简介：

秦始皇，姓嬴名政，公元前 259 年，生于赵国邯郸。当时秦赵两国正在交战，他的父亲异人作为人质被扣押在赵国，处境十分危险。公元前 257 年，赵国战败，赵王想杀掉异人，异人在富甲天下的吕不韦的帮助下逃回了秦国。赵王盛怒，要杀赵姬母子，赵姬（嬴政之母，吕不韦赠予异人的）母子藏了起来才得以活命。在吕不韦的资助下，异人回国当上了太子，后又继承了王位，是为秦庄襄王。可是好景不长，公元前 247 年，即位不到三年的异人病逝。年仅 13 岁的太子嬴政顺理成章成为秦王政。他 22 岁亲政时除掉了权臣吕不韦，统治中期先后灭掉六国完成了大一统，晚期喜欢四处巡游，寻求长生不老之术。

秦王政安定了国内的局势之后，开始进行统一六国的战争。自公元前 230 年到公元前 221 年，耗时 10 年先后灭掉了韩、赵、魏、楚、燕、齐，完成了统一大业。嬴政能顺利灭掉六国，并非偶然。首先秦国经过商鞅变法使得国力逐渐强盛，其次各国人民经历了长期的内乱和战争，渴望统一，而嬴政个人又具有雄心大志和广纳贤士的胸襟，这些都成为他成功的条件。

为了加强秦帝国的统一和稳固，秦始皇不但修建了很多用于国防的工程（秦长城、驰道、渠道），而且对官制进行了调整和扩充，建立了一整套从中央到地方的新政府机构，他在中央设立三公九卿，地方上废除了分封制，在全国实行郡县制，这套制度一直沿用了两千多年，对中国历史产生了重大影响。除此之外，秦始皇还制定了车同轨、书同文、行同伦，统一了度量衡和货币（度量衡是指在日常生活中用于计量物体长短、容积、轻重的统称）。这些都促进了经济文化的发展，加强和维护了全国的统一。

秦朝的寿命非常短，总共历经了二世，从秦始皇嬴政统一六国建立秦朝到秦王子婴向刘邦投降，秦朝只有15年的国祚。

用思维导图进行阅读训练可以提升学生的“抓重点”能力，刺激他们的思维，是一种全脑阅读形式。

实例 10
用思维导图学英语单词之一

你已经熟悉了之前讲到的谐音单词记忆、拆分单词记忆的方法，现在再用思维导图建立起英语框架的话，我相信你的进步会是神速。回忆一下你背英语单词的场景，绝大多数人都是背课后的单词表，甚至还有人直接硬啃字典。两者都不可取，前者是别人给你的“菜”而不是你想吃的“菜”，什么意思呢？比如我是一个粉嫩少女，和外国小伙伴来到动物园，那我可能会聊到鹦鹉、熊猫、可爱、懒惰、兔子这些词，如果带外国小伙伴去逛街，我可能会聊到包包、布娃娃、冰激凌、裙子这些词。但是翻开单词表，那些词汇都是课文中出现的词，列出来让你背，有可能这些词你背了一辈子都不会说，所以这是非常低效的记忆，我们应该优先背自己可能会说到的词！你怎么知道哪些词你可能会说到呢？那就要用到思维导图激发发散的作用了。背字典更是不可取，有可能你背了一天全是 A 开头的词语，一觉醒来却全忘光了，这是无效的努力。

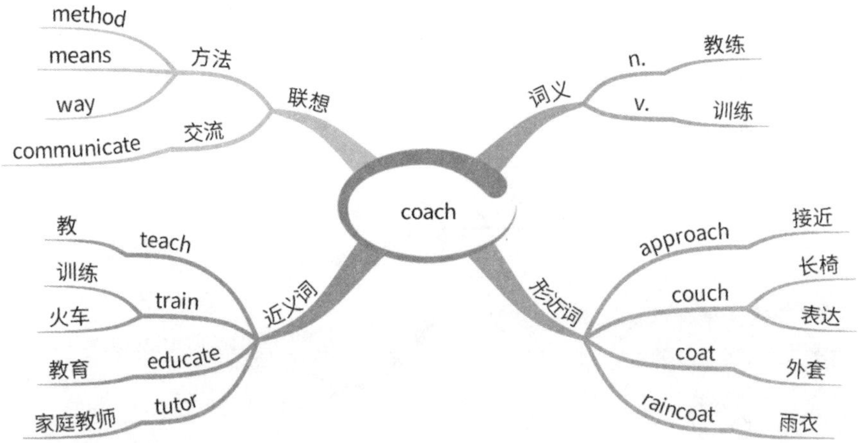

英语也可以用发散方式学习，从词义、形近词、近义词（或短语）、联想四个基本主干去发散，比如由“教练”你一下子想到了方法、交流，那么这两个词才是你应该优先记忆的词，这样符合记忆的规律，能够降低遗忘率。

实例 11
用思维导图学英语单词之二

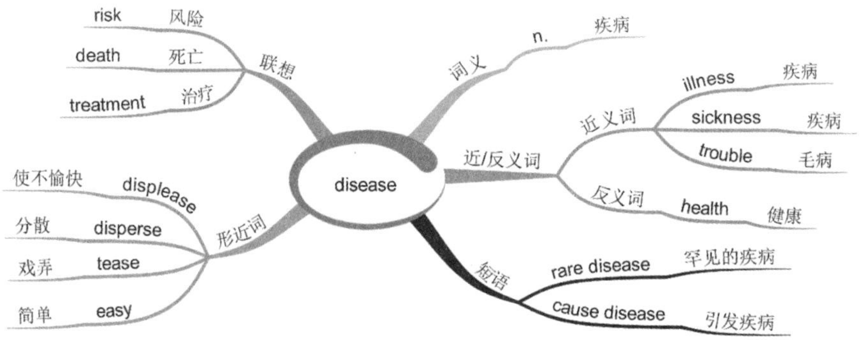

从“疾病”一词展开发散，记住那些你能想到的信息。这些信息是个人化的，比如“疾病”我想到了“保佑（bless）”一词而你没想到，那么对于我来说我就应该优先记忆 bless 一词，而你暂时不用记。构建自己的思维导图的作用之一就在于挖掘哪些信息对你来说是更重要、更需要先一步记忆的。

实例 12

用思维导图记英语八大时态

试想期末英语考试前夜的复习，你拿着笔记本前翻后找，一会看前两页一会又翻到后面去看，有时候找了半天也没翻到之前记过的重点，这比较容易造成思维断层。用思维导图来复习，你会发现这种“全局”阅读的方式不会让你东找西找，知识点之间有线条连接，每一条线条都能起到下划线的作用，既能保证阅读的流畅度，又能帮助加深记忆效果。

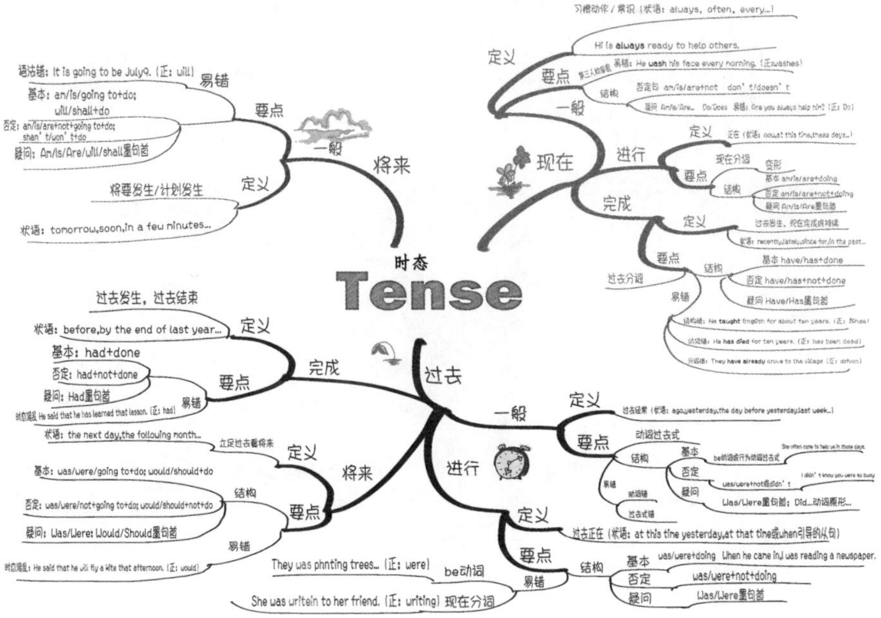

初中英语八大时态思维导图

实例 13
用思维导图进行数学总复习

想要知道自己哪一块知识点需要补，最好的方法就是用思维导图去检查。思维导图的核心要素是“关键词 + 分支主干”，这些树状主干和分支都是有层级关系的，分为一级分支、二级分支……它们代表的是逻辑关联，比如你对某一个定义不清楚，那应该连同这个知识的上一级分支一起筛查，这样才能找到“病根”。这里给各位分享一张小学数学知识总纲，建议你也根据自己的年级去做一张或是帮助孩子做一张。

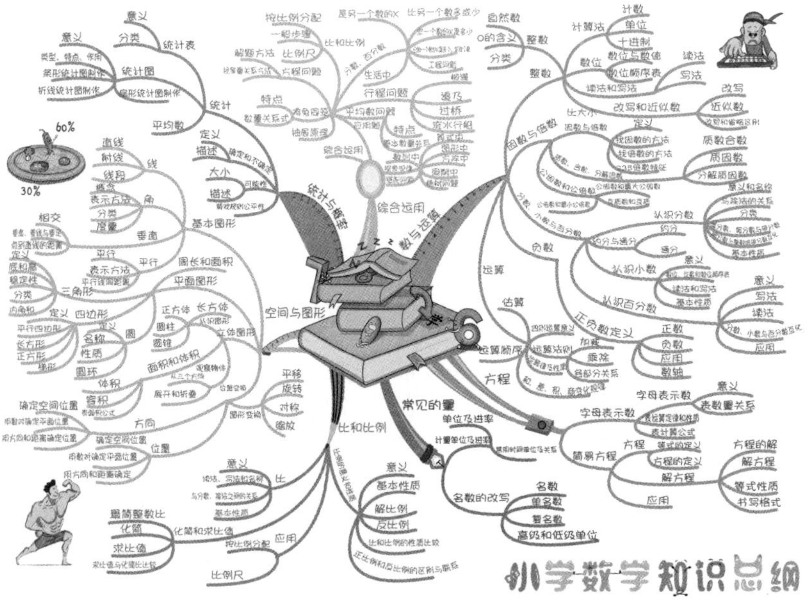

实例 14
分类记成语之一

学会勤做表，做表的过程就是复习和记忆的过程，其实这样的表格很多教辅读物里都有，但是自己做一次或带着孩子一起做一次意义是不一样的，哪怕就是重新排版一下，有感情的资料也是胜过伸手就拿到的资料的。以下是含地名的成语。

洛阳纸贵	洛阳才子	高阳酒徒	邯郸学步	南柯一梦	杞人忧天
夜郎自大	围魏救赵	黔驴技穷	河东狮吼	明修栈道	暗度陈仓
朝秦暮楚	桂林一枝	南山可移	火烧赤壁	虎落平阳	福如东海
寿比南山	长安米贵	四面楚歌	长江天堑	逼上梁山	秦晋之好
泾渭分明	逐鹿中原	蜀锦吴绫	得陇望蜀	乐不思蜀	巴山蜀水
蜀犬吠日	重于泰山	阳关大道	蓝田生玉	泰山压顶	稳如泰山
泰山北斗	淮橘为枳	吴下阿蒙	天涯海角	庐山真面	中流砥柱
巫山云雨	昆山片玉	三顾茅庐	东山再起	长安棋局	平原督邮
完璧归赵	郑人买履	直捣黄龙	新亭对泣	五湖四海	江东父老
虎踞龙盘	楚云湘雨	万古长春	兵败洛阳	西望长安	楚河汉界
辽东白豕	恒河沙数	发棠之请	东海扬尘	布鼓雷门	青州从事

实例 15 分类记成语之二

含数字的成语、十二生肖的成语、出自历史典故的成语、出自四大名著的成语、看起来不像成语的生僻成语、描写风花雪月的成语……成语的分类方式非常多样，带着孩子一起做这样的资料就是最好的学习。

一	二	三	四	五
一往无前	二八佳人	三心二意	四海为家	五谷丰登
一心一意	二话不说	三更半夜	四面楚歌	五湖四海
一言为定	二龙戏珠	三山五岳	四面八方	五光十色
一路平安	二八年华	三番五次	四平八稳	五味俱全
一表人才	二虎相斗	三教九流	四脚朝天	五彩缤纷
一技之长	二姓之好	三令五申	四大皆空	五花八门
一叶知秋	二人同心	三从四德	四通八达	五颜六色
一鸣惊人	二道贩子	三妻四妾	四分五裂	五脏六腑
一团和气	二三其德	三五成群	四面受敌	五体投地
一年一度	二分明月	三长两短	四书五经	五花大绑
一无所获	二童一马	三生有幸	四海一家	五马分尸
一知半解	二仙传道	三宫六院	四海升平	五大三粗
一帆风顺	二三其节	三足鼎立	四体不勤	五彩斑斓
一动不动	二满三平	三头六臂	四肢百骸	五子登科
一念之差	二十四友	三跪九叩	四时八节	五蕴皆空
一如既往	二惠竞爽	三言两语	四面出击	五音不全
一反常态	二三其意	三三两两	四面碰壁	五谷不分
一本正经	二桃三士	三朝元老	四邻八舍	五劳七伤
一意孤行	二旬九食	三阳开泰	四时之气	五洲四海

六	七	八	九	十
六畜兴旺	七步成诗	八仙过海	九五之尊	十全十美
六尘不染	七月流火	八拜之交	九九归一	十指连心
六神无主	七窍玲珑	八面玲珑	九牛一毛	十年寒窗
六根清净	七擒七纵	八面威风	九霄云外	十拿九稳
六亲不认	七上八下	八斗之才	九死一生	十面埋伏
六道轮回	七零八落	八面受敌	九天揽月	十字路口
六月飞霜	七情六欲	八府巡按	九曲回肠	十世单传
六合之内	七嘴八舌	八珍玉食	九天仙女	十万火急
六亲无靠	七七八八	八方风雨	九泉之下	十恶不赦
六亲不和	七拼八凑	八百孤寒	九流十家	十有八九
六尺之孤	七老八十	八万四千	九死不悔	十里洋场
六通四达	七步之才	八音迭奏	九教三流	十二金钗
六问三推	七窍生烟	八街九陌	九变十化	十字街头
六街三市	七尺之躯	八公草木	九关虎豹	十室九空
六朝金粉	七十二变	八荒之外	九转功成	十里长亭
六出奇计	七子八婿	八百诸侯	九鼎一丝	十年磨剑
六畜不安	七日来复	八攻八克	九流人物	十战十胜
六尺之托	七零八碎	八砖学士	九年之蓄	十死一生
六亲同运	七颠八倒	八面来风	九经百家	十发十中

子鼠	丑牛	寅虎	卯兔	辰龙	巳蛇
胆小如鼠	牛鬼蛇神	谈虎色变	守株待兔	龙马精神	佛口蛇心
投鼠忌器	对牛弹琴	虎背熊腰	狐兔之悲	生龙活虎	蛇蝎心肠
首鼠两端	汗牛充栋	龙争虎斗	狡兔三窟	叶公好龙	打草惊蛇
鼠目寸光	牛刀小试	虎视眈眈	兔死狐悲	龙飞凤舞	杯弓蛇影
贼眉鼠眼	牛头马面	狼吞虎咽	见兔顾犬	飞龙在天	画蛇添足
官仓老鼠	九牛一毛	如狼似虎	兔丝燕麦	雕龙画凤	虚与委蛇
目光如鼠	牛高马大	虎头虎脑	动如脱兔	龙眉凤目	蛇欲吞象
过街老鼠	庖丁解牛	调虎离山	狐死兔泣	车水马龙	牛鬼蛇神
鼠串狼奔	牛毛细雨	狐假虎威	东门逐兔	攀龙附凤	龙屈蛇伸
十鼠同穴	泥牛入海	饿虎扑羊	兔起乌沉	神龙见首	三蛇七鼠
鼠目獐头	目无全牛	卧虎藏龙	兔尽狗烹	龙潭虎穴	杯蛇鬼车
偃鼠饮河	蜗行牛步	放虎归山	一雕双兔	龙凤呈祥	斗折蛇行

午马	未羊	申猴	酉鸡	戌狗	亥猪
千军万马	亡羊补牢	猴年马月	闻鸡起舞	狐朋狗友	猪狗不如
马到成功	十羊九牧	杀鸡儆猴	鸡鸣狗盗	狗拿耗子	泥猪瓦狗
走马观花	驱羊战狼	沐猴而冠	鸡飞狗跳	狗尾续貂	猪朋狗友
骑马找马	羊肠九曲	猴子捞月	鸡犬升天	蝇营狗苟	牧猪奴戏
指鹿为马	羊入虎群	尖嘴猴腮	鸡犬不宁	白云苍狗	肥猪拱门
悬崖勒马	羊续悬鱼	猴头猴脑	鸡飞蛋打	狗仗人势	一龙一猪
人困马乏	瘦羊博士	猴子搏矢	鸡毛蒜皮	狗眼看人	猪卑狗险
人仰马翻	羚羊挂角	棘刺母猴	金鸡独立	狗血淋头	猪突豨勇
马马虎虎	饿虎扑羊	五马六猴	鸡犬相闻	阿猫阿狗	指猪骂狗
单枪匹马	羊肠小道	猿猴取月	偷鸡摸狗	关门打狗	冷水烫猪
兵荒马乱	爱礼存羊	轩鹤冠猴	鹤立鸡群	狼心狗肺	泥猪疥狗
金戈铁马	顺手牵羊	土龙沐猴	呆若木鸡	狗急跳墙	寄豭之猪

春秋战国（公元前770年—公元前221年）

秦汉（公元前221年—公元220年）

魏蜀吴(三国)
(公元220年—公元280年)

晋南北朝
(公元265年—公元589年)

隋—清（公元589年—公元1912年）

《三国演义》——罗贯中（明）

《水浒传》——施耐庵（明）

《红楼梦》——曹雪芹/高鹗（清）

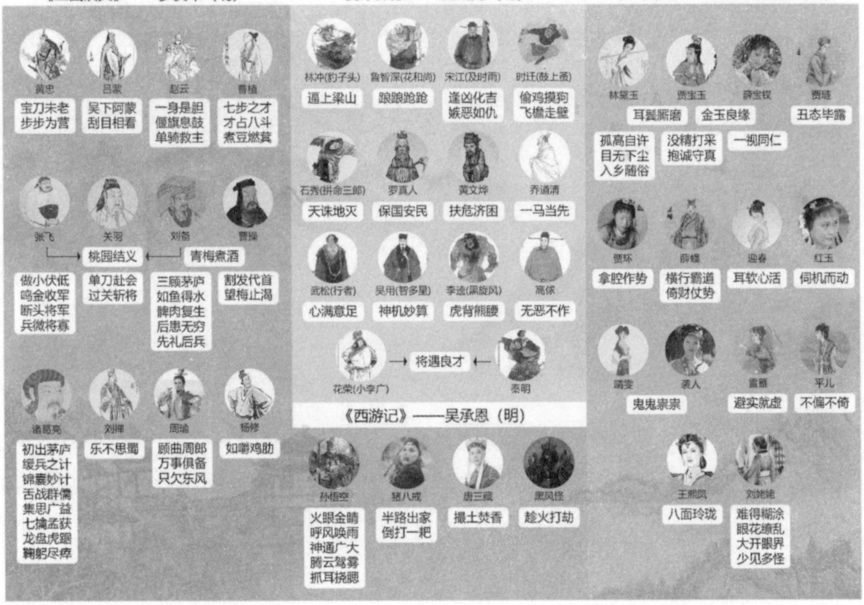

冬日可爱	夏日可畏	令人喷饭	又弱一个	喝西北风
惨绿少年	九天九地	铁板一块	博士买驴	谈何容易
半部论语	空心汤圆	女生外向	从井救人	哀衣蒸食
酒店猛狗	大禹治水	星星点点	天府之国	白日做梦
八风不动	摇鹅毛扇	油渍麻花	嫦娥奔月	叫苦连天
看破红尘	拿不出手	一长一短	热锅炒菜	床上安床
幺幺小丑	无肠公子	大人虎变	鹿鹿鱼鱼	破马张飞
突然袭击	雾里看花	明日黄花	沙里淘金	搜索枯肠
佛头着粪	十字路口	流里流气	火树银花	老子婆娑
药店飞龙	万里长城	蛤蟆夜哭	一龙一猪	普天之下
司马称好	自讨没趣	东兔西乌	江东父老	长安米贵

实例 16
记忆《道德经》之一

要考验一个人对记忆术的综合运用能力，《道德经》是非常好的素材。其一，记忆它需要进行高度的发散转化；其二，记忆它需要懂得活学巧记，能机械性记忆的就机械性记忆，需要记忆术处理的再通过各种手段灵活处理。

第一章：

道可道，非常道。名可名，非常名。

无名天地之始；有名万物之母。

故常无，欲以观其妙；常有，欲以观其徼。

此两者，同出而异名，同谓之玄。

玄之又玄，众妙之门。

记忆这样的大段内容一般需要两步。第一步：尽量抓取每一句的第一个词作为关键词转化，然后通篇高度联想，使记忆的画面有一个整体的脉络；第二步：对回忆中印象薄弱的部分加强图像连接。比如“道可道，非常道。名可名，非常名”，我的画面是“铁轨上出现一个夜明珠”。铁轨抓取的是“道”，夜明珠抓取的是“名”。第二句“无名天地之始；有名万物之母”，我想到的画面是“蜈蚣爬到夜明珠上拉屎，然后飞来圣母玛利亚”，这里的“无名”和“有名”是对应的，所以只需要记“无名”就可以了。“故常无，欲以观其妙；常有，欲以观其徼”，我想到一个“打鼓的黑白无常比着顶呱呱说‘妙’，然后拿起辣椒开始吃”的画面。记忆处理完毕。你可能会说：“咦？不是还有两句吗？”但是记忆就是那么灵活，最后两句很好记也好理解，可能读了两次已经能记住，那就暂时不必处理。

实例 17
记忆《道德经》之二

再以《道德经》第八章为例，巩固一下记忆方法。

第八章：

上善若水，水善利万物而不争。

处众人之所恶，故几于道。

居善地，心善渊，与善仁，言善信，政善治，事善能，动善时。

夫唯不争，故无尤。

这篇相对难记的是我标记出来的部分，我的画面是这样的：“居善地”→**一个坐轮椅的敌人在挖土**，“心善渊”→**挖到一个桃心，但是把桃心扔到了深渊里**，“与善仁”→**深渊开始下雨，逐渐汇聚起人群**，“言善信”→**这些人都捧着盐巴，把盐装到信封里**，“政善治”→**来了一位政治家**，“事善能”→**他说能帮大家解决问题**，“动善时”→**带着大家进到一个山洞，里面有一个时钟**。抓得住关键词，就打得开想象力，想想我们之前讲到的记忆四大步骤，当你每一步都很熟练的时候，处理这样的信息就会非常迅速，有的同学运用记忆法背完通篇《道德经》仅需要3天。

实例 18 《出师表》背诵

记忆《出师表》的方法类似于前面我们讲到的记忆《道德经》的方法，需要出图形和转化。

《出师表》（节选）

臣亮言：先帝创业未半而中道崩殂，今天下三分，益州疲弊，此诚危急存亡之秋也。然侍卫之臣不懈于内，忠志之士忘身于外者，盖追先帝之殊遇，欲报之于陛下也。诚宜开张圣听，以光先帝遗德，恢弘志士之气，不宜妄自菲薄，引喻失义，以塞忠谏之路也。

对于这第一段内容，我的画面是："穿越树林（01）的诸葛亮走到殿前，指着刘备的雕像，拿出地图指着成都说这里最穷，然后抱着一筐橙子摔在地上跺脚（抓取关键字"此诚"），然后走向旁边的侍卫解开他的衣服，侍卫身上刻着忠义的字，给他一个锅盖让他去报恩……"以上是第一步。像《出师表》这样的文章需要反复多次验证转化效果，如果能够很好地回忆出来那就可以进行下一步，如果不能那就需要再优化图形，联想画面的细节。第二步，隔1小时、3小时、7小时再复习回忆，这样就能非常牢靠地记住内容了。

实例 19

用思维导图学习《出师表》

除了用记忆术处理以外，也可以用思维导图来理顺文章的逻辑关系、结构脉络，从而加深理解和增强记忆。

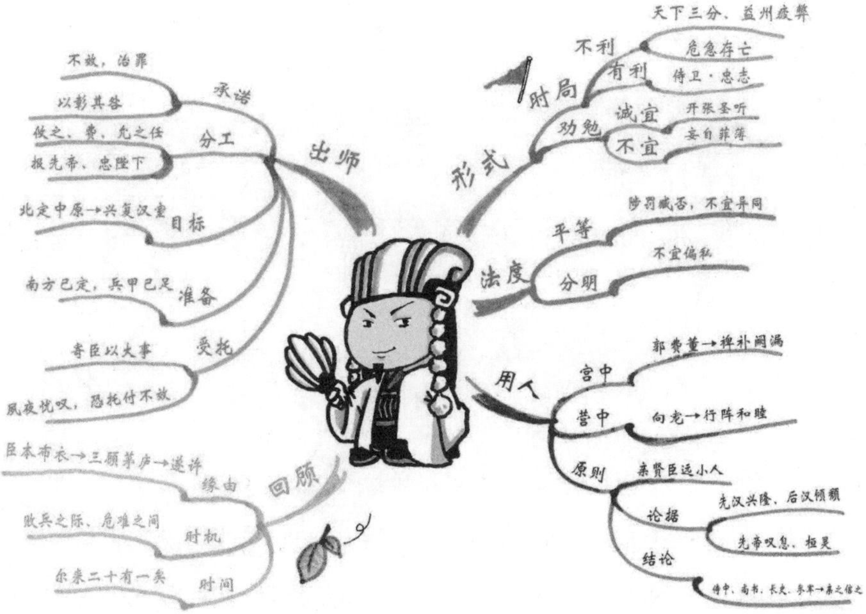

实例 20
诗人关系表

在教学过程中，我整理出来一些如诗人官职图、诗人关系图、诗人朝代对照表等资料，我发现很多资料居然之前都没有人做过，当然也有可能是没有人公开分享，这导致我遇到铺天盖地的宝妈宝爸来领取我分享出来的资料。现在我把高清图放在这里，献给每一位用心的读者。

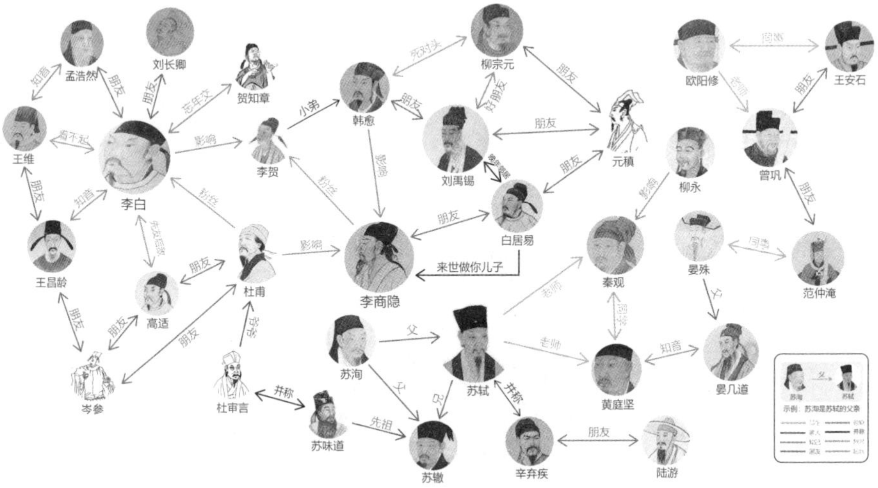

学生时代我都不知道杜甫是李白的粉丝，我也不知道欧阳修是曾巩的老师，他还监考过苏轼。如果作为一个整体的体系，用故事来引入教学的话，那不是更好吗？

实例 21

诗人朝代对照表

这张表在我免费分享资料的社交平台上的关注率是非常高的。

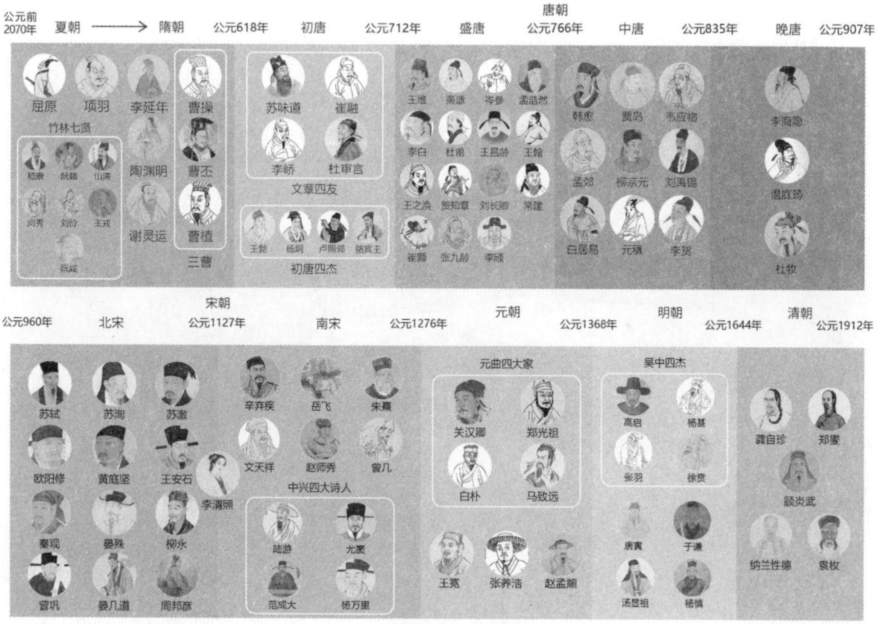

实例 22

历史朝代江山画卷图

图永远都是非常好的记忆方式，因为它有形，且有颜色、有方位、有细节、有人物等，这些因素都会调动我们大脑的更多区域，比如下面这张“历史朝代江山画卷图”，比起枯燥易让人犯困的单线条表格，这张图能更好地唤醒我们的大脑，帮助记忆，你细看！细品！

实例 23
二十四节气图

二十四节气一般是怎么记的？有“二十四节气歌”，有帮助记忆的表格，当然我们也可以用本书前面讲到的所有记忆方法进行灵活记忆。作为“活学巧记”和“融汇变通”的方法创新标杆，当然这是我自诩的，我最自豪的就是把“背书”这件事赋予了更新的概念。谁说坐在书桌前默默地读才是记忆？谁说不停反复才是记忆？通过前面的阅读你已经知道，有时候，画也是“记忆”，“唱唱跳跳”也是记忆，和上一个案例一样，我们把“二十四节气”这个非常抽象的内容，变成了场景，好比“二十四节气清明上河图”！我们把每一个节气都画成了对应的民俗风情，从左上顺时针分别是春、夏、秋、冬，每一个节气都对应了具体的细节，在欣赏这幅画的时候，你已经沉醉于记忆本身了，它很大程度上帮助我们加深印象，将“背书”变成了无声无息的过程。当然我们也可以脑洞再大开一点，我们是不是可以把这个画面做成拼图？让人在拼拼图的过程中就无形地完成了记忆呢？以“拼”代“学”。所以，每个人都需要重新定义“背书”的含义！它不应该是让人逃避、让人畏惧的事情，每个人面对“背书”的时候，都是充满自信、快乐，充满思考的！希望你认真细品下面的二十四节气图！温馨提示：我们已经做出了很多帮助记忆的拼图产品，全网搜索“思维导图拼图”你就能实际得到它。

二十四节气表
春季
立春 2月3--5日 | 雨水 2月18--20日 | 惊蛰 3月5--7日
春分 3月20--22日 | 清明 4月4--6日 | 谷雨 4月19--21日
夏季
立夏 5月5--7日 | 小满 5月20--22日 | 芒种 6月5--7日
夏至 6月21--22日 | 小暑 7月6--8日 | 大暑 7月22--24日
秋季
立秋 8月7--9日 | 处暑 8月22--24日 | 白露 9月7--9日
秋分 9月22--24日 | 寒露 10月8--9日 | 霜降 10月23--24日
冬季
立冬 11月7--8日 | 小雪 11月22--23日 | 大雪 12月6--8日
冬至 12月21--23日 | 小寒 1月5--7日 | 大寒 1月20--21日
四月 清明
五月 立夏
六月 芒种
五月 小满
六月 夏至
四月 谷雨
三月 春分
三月 惊蛰
七月 小暑
七月 大暑
八月 立秋
一月 大寒
十二月 冬至
十二月 大雪
十月 霜降
八月 处暑
一月 小寒
十月 寒露
九月 白露
十一月 小雪
十一月 立冬
九月 秋分

附录

数字编码

01 绿叶 	02 梨儿 	03 大象（形） 	04 零食 
05 灵符 	06 琉璃 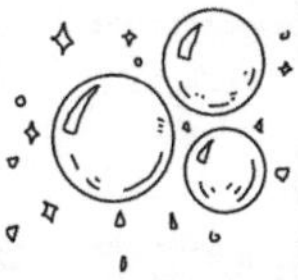	07 凉席 	08 泥巴 
09 泥鳅 	10 蛇 	11 筷子（形） 	12 婴儿 
13 衣裳 	14 钥匙 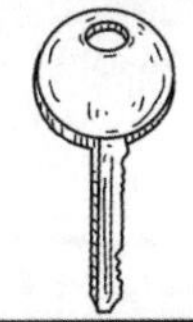	15 衣服 	16 石榴 
17 仪器 	18 牙刷 	19 药酒 	20 蜗牛（形） 

21 鳄鱼 	22 耳环（形） 	23 乔丹 	24 盒子 
25 二胡 	26 二轮 	27 耳机 	28 爱包 
29 暗箭 	30 少林 	31 鲨鱼 	32 伞儿 
33 闪闪 	34 扇子 	35 珊瑚 	36 三轮 
37 山鸡 	38 扫把 	39 香蕉 	40 司令 

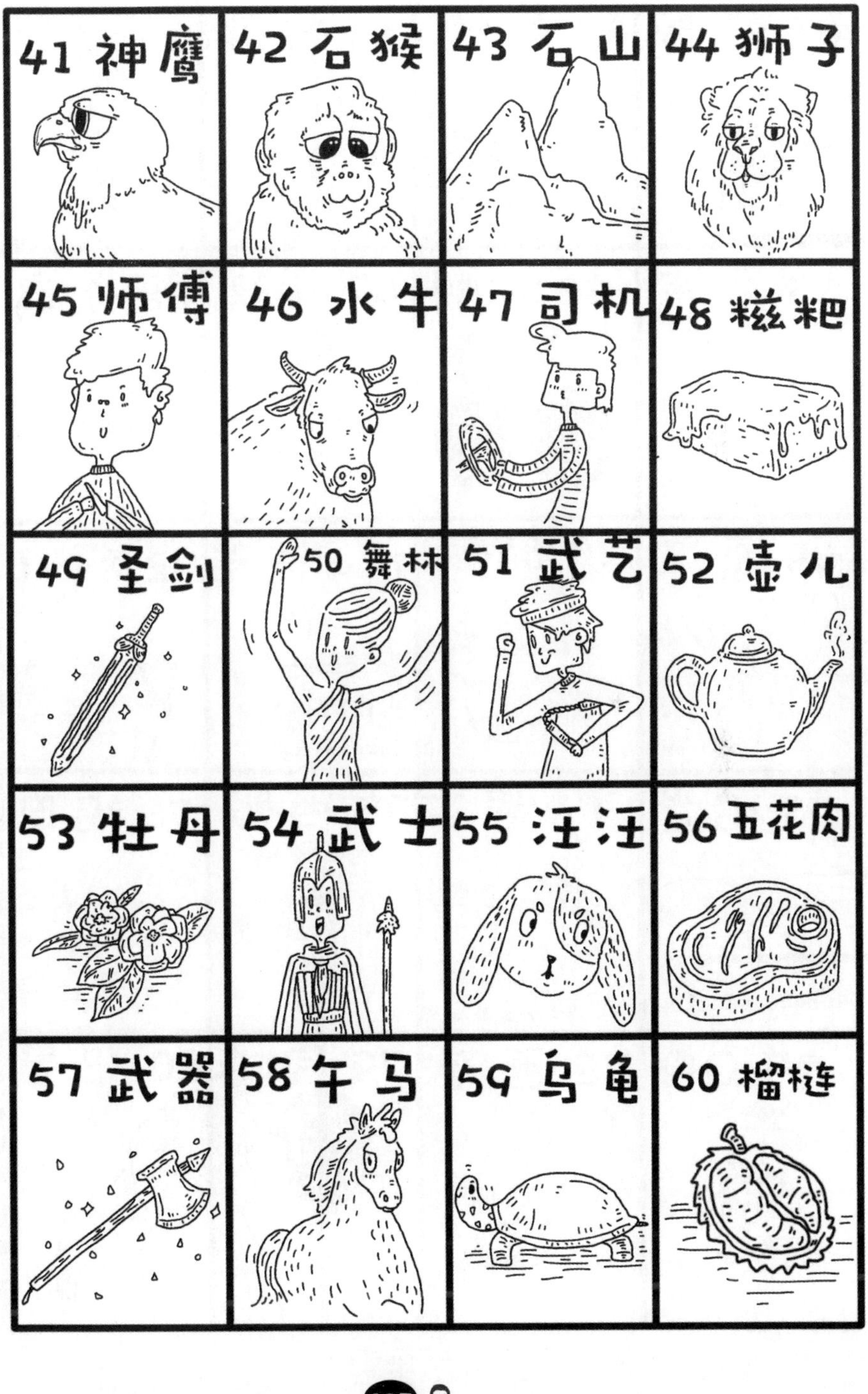
41 神鹰
42 石猴
43 石山
44 狮子
45 师傅
46 水牛
47 司机
48 糍粑
49 圣剑
50 舞林
51 武艺
52 壶儿
53 牡丹
54 武士
55 汪汪
56 五花肉
57 武器
58 午马
59 乌龟
60 榴梿

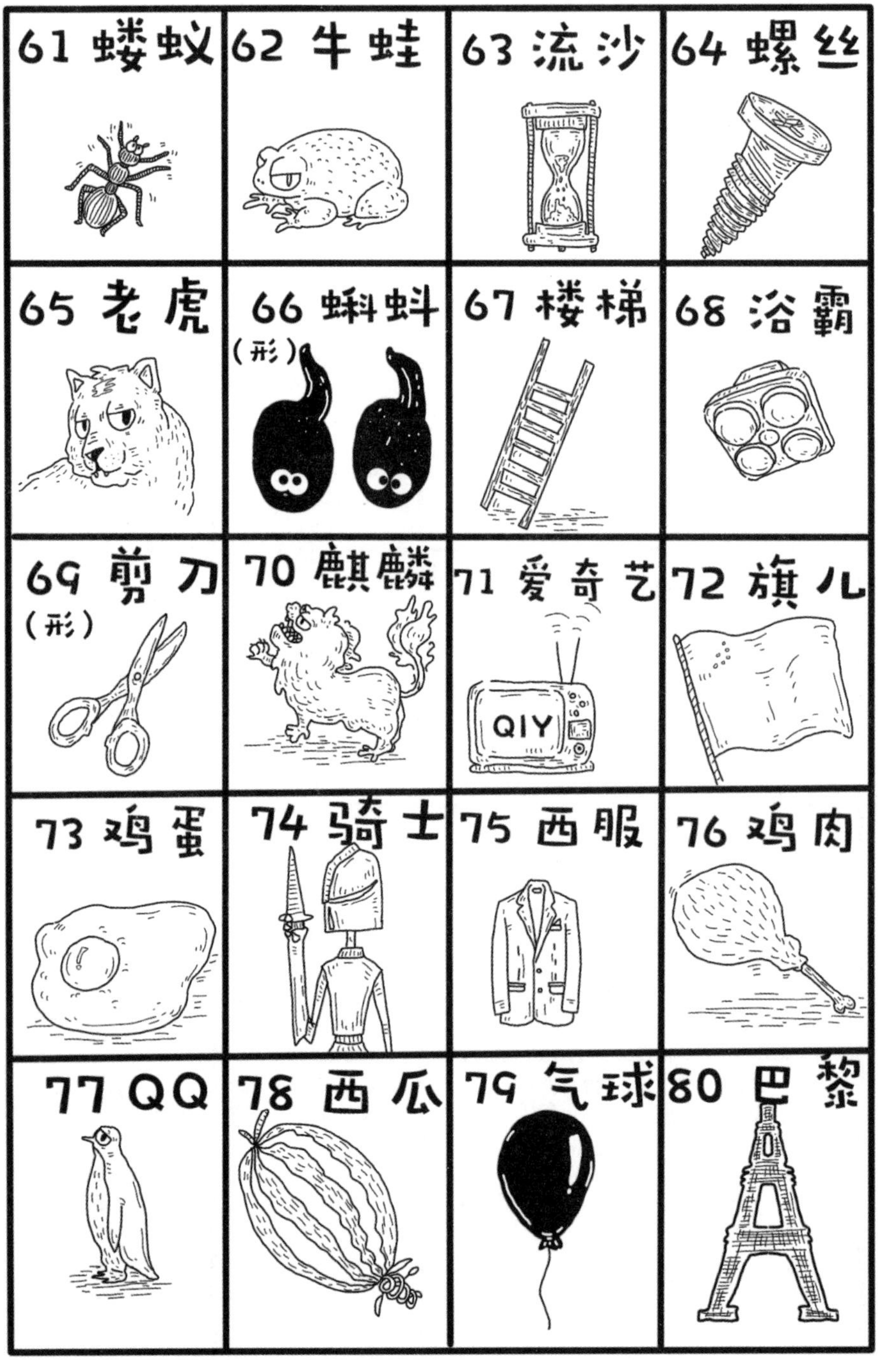
61 蝼蚁
62 牛蛙
63 流沙
64 螺丝
65 老虎
66 蝌蚪
（形）
67 楼梯
68 浴霸
69 剪刀
（形）
70 麒麟
71 爱奇艺
QIY
72 旗儿
73 鸡蛋
74 骑士
75 西服
76 鸡肉
77 QQ
78 西瓜
79 气球
80 巴黎

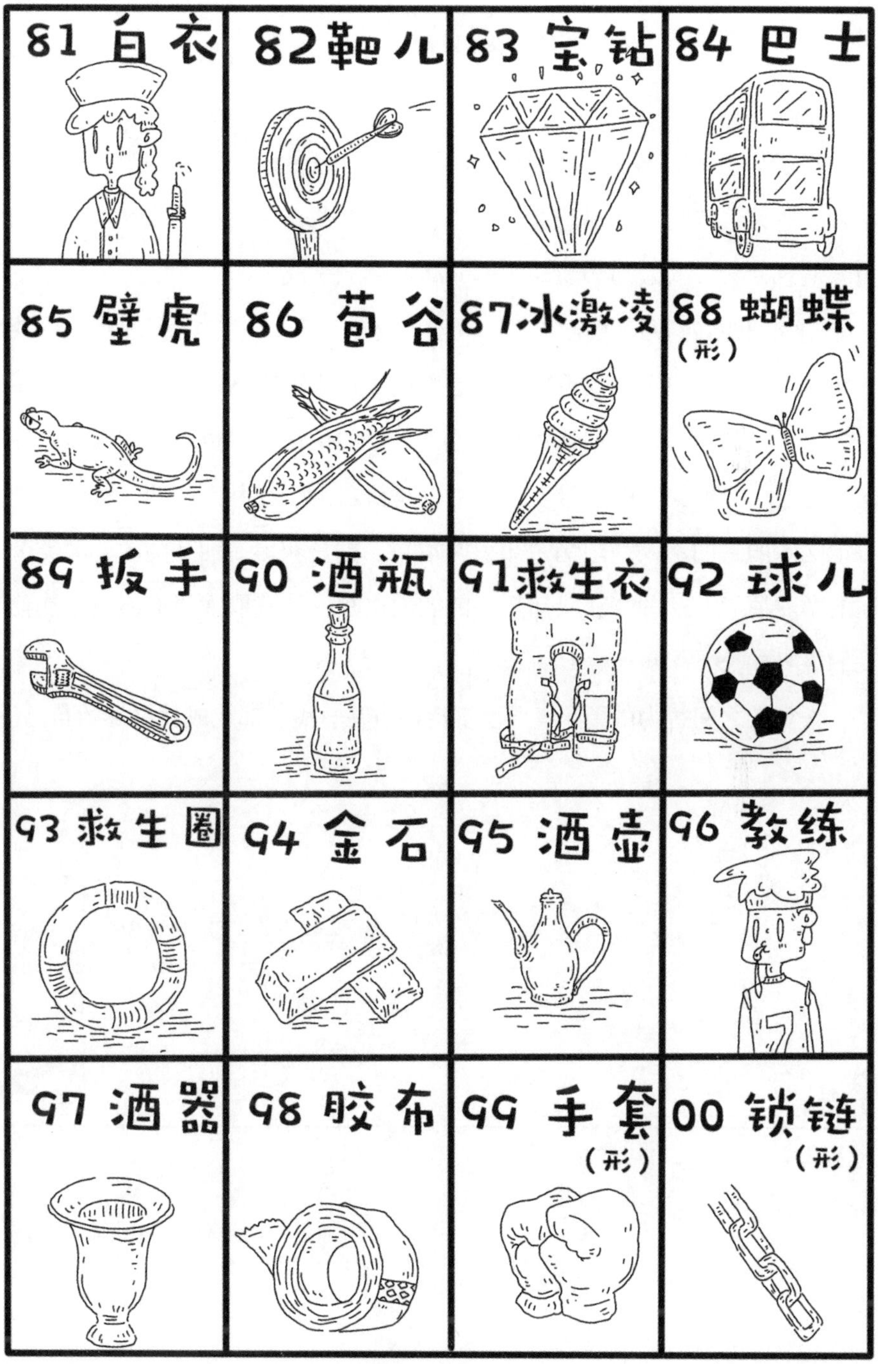
81 白衣
82靶儿
83 宝钻
84 巴士
85 壁虎
86 苞谷
87冰激凌
88 蝴蝶
（形）
89 扳手
90 酒瓶
91救生衣
92 球儿
93 救生圈
94 金石
95 酒壶
96 教练
7
97 酒器
98 胶布
99 手套
（形）
00 锁链
（形）

后记

终于写完了这本书，想到有读者随手一翻就能轻松记住一个知识点，学到一些记忆技巧，幸福感油然而生，这正是我奋笔疾书完成这本书的动力。信息社会，人人都必须高效率、高质量地完成工作。

这本书的内容是我这数十年教学素材的精华，一个内容的背后可能有我数个小时的思考，我希望通过这些例子让大家得到启发。知识是记不完的，不论如何厉害的记忆大师，终其一生的记忆内容也达不到网络内容的万分之一。但灵活的思维、创造力，是机器无法战胜人类的。所以，学习记忆术的目的不仅是记忆“知识”本身，更是获得一种开阔的、触类旁通的学习境界，这种“获取知识”的能力也是一种获取幸福的能力，能让我们终身成长。

人和人之间智力的差异并不大，活用方法，我们都能成就更好的自己。